丙種危険物

取扱者試験

工藤 政孝 編著

弘 文 社

ま え が き

　危険物取扱者試験には甲種，乙種，丙種とありますが，このうち本書は丙種危険物取扱者試験の受験者を対象にしたテキストです。

　この丙種危険物取扱者の資格があると，ガソリンや灯油，軽油，および重油などが扱え，ガソリンスタンドのスタッフとして，またタンクローリーのドライバーとして活躍する場が広がります。

　したがって，これらの仕事に就こうとする方，または乙種危険物取扱者の試験を将来受けようと思っている方は，準備運動として，この丙種危険物取扱者試験を受験されるのもいいのではないでしょうか。

　この丙種危険物取扱者試験は受験資格もなく，また合格率も他の国家試験と比べて比較的高いので（約50%），決して狭き門ではないはずです。……とは言っても，そこはやはり国家試験。それなりに暗記しなければいけない事項もあります。そこで本書は［こうして覚えよう］と題して，それらをゴロ合わせにして覚えやすく工夫したものをふんだんに取り入れてあります。これが本書の大きな特徴であり，こうすることによって暗記に使っていたエネルギーを最小限に抑えることができ，その分，他の部分の学習にその余ったエネルギーを使うことができるのです。

　そして，本書には，さらにこのゴロ合わせのイメージをイラストにしたものを可能な限り載せてあります。これは，イメージを目に見える形にすることによってその記憶力をさらにパワーアップするためです。したがって，「私は暗記が苦手で……」と受験をためらっていたような人でも，この「イラスト付きゴロ合わせ」を用いることで楽々と合格通知を手にすることも可能なのです。

　このような主な特徴のほか，本書は次の「本書の使い方」にも説明してあるような内容のものも含めて，受験生ができるだけ合格通知を手にすることができるように，という思いを込めて編集をいたしました。

　本書を手にされた皆さんが，1人でも多く，合格通知を手にすることができるように祈ってやみません。

（なお，更に「実戦的な問題」を要望される方は，拙著「丙種危険物取扱者試験でるぞ〜問題集」の利用をおすすめいたします）

本書の使い方

① 余白部分について

　各ページ左端には，原則として約４分の１の余白が設けてあり，本文の内容を簡潔にまとめたものを箇条書きにして並べてあります。したがって，内容を整理したい時には，有効な“ヘルパー”となって，受験者の力強い味方になってくれるものと思っております。

　また，問題の方にも余白が設けてありますが，こちらの方はヒントになるものを並べてありますので，同じ問題に再挑戦（または再々挑戦？）するときは，実力をつけるために，できるだけその部分を見ないで（→しおりなどで隠して）解かれることをおすすめします。

② 字の大きさについて

　内容を補足する場合や重要度の低い説明などは文字を少し小さくしてあります。

③ （参）について

　「参考」の略で，必ずしも暗記する必要はないが目は通してほしい場合に記してあります。

④ ●マークについて

　重要箇所を特に示す必要がある場合は●のマークを付してあります。

⑤ 項目の後にある問題ページについて

　最も理想的な学習方法は，知識を頭に入れたらすぐにそれに対応する問題を何問か解いてみることです。そうすることによって，「頭だけの知識」が「体に身に付いたより実践的な知識」に変わり，より理解力が深まるのです。項目のタイトルの後ろにある問題ページ（たとえば「９．静電気（問題 P28）」など。ただし，スペースの関係でページ数のみの場合があります）はそのために記してあります。したがって各項目ごと，又はある程度の項目ごとにそれらに対応する問題が載っているページを開き，問題を解くことをおすすめします。

⑥ 「以上」と「超える」の違いについて

　「10以上」の場合10も含みますが，「10を超える」の場合は10を含みません。

⑦ 「以下」と「未満」の違いについて

　「10以下」の場合10も含みますが，「10未満」の場合は10を含みません。

⑧ 解答のページについて

　本書では，解答を一番最後にもってきてあります。これは，はさみ（または

カッター）などを使って解答部分のみを切り離し，「別冊」とすることができるよう，配慮したためです。こうすることによって，問題を解いたらすぐに解答をみる，ということができるわけです。その方が都合がよい，と思われた方は，ぜひ別冊にすることをおすすめします（切り離しをせずに，**解答部分をすべてコピーして別冊にする**という方法もあります。なお，カッターの扱いには十分注意して下さい）。

contents

第4章　模擬テスト

問題の解答

受　験　案　内

(1). 受験資格
丙種には受験資格はありません。

(2). 受験地
特に制限はありません。（全国どこでも受験できます。）

(3). 受験願書の取得方法
各消防署で入手するか，または（一財）消防試験研究センターの中央試験センター（〒151−0072　東京都渋谷区幡ヶ谷1−13−20　(TEL)03−3460−7798）か各支部へ請求して下さい。詳細は（一財）消防試験研究センターのホームページでも調べられます。http://www.shoubo-shiken.or.jp/

(4). 試験科目と出題数

試験科目	出題数
危険物に関する法令	10問
燃焼および消火に関する基礎知識	5問
危険物の性質並びにその火災予防および消火の方法	10問

(5). 試験方法
4肢択一の筆記試験で，解答番号を黒く塗りつぶすマークシート方式で行われます。

(6). 試験時間
1時間15分です。

(7). 合格基準
試験科目ごとに60％以上の成績を修める必要があります。

したがって，「法令」で6問以上，「燃焼および消火に関する基礎知識」で3問以上，「危険物の性質」で6問以上を正解する必要があります。

この場合，例えば法令で6問以上正解しても，「燃焼および消火に関する基礎知識」が2問以下，または「危険物の性質」が5問以下の正解しかなければ不合格となりますので，3科目ともまんべんなく学習する必要があります。

（詳細は受験願書の案内を参照して下さい。）

受験一口メモ

① 受験前日

　これは当たり前のことかもしれませんが，当日持っていくものをきちんとチェックして，前日には確実に揃えておきます。特に，**受験票**を忘れる人がたまに見られるので，筆記用具とともに再確認して準備しておきます。

　なお，解答カードには，「必ず **HB**，又は **B** の鉛筆を使用して下さい」と指定されているので，**HB**，又は **B** の鉛筆を 2 〜 3 本と，できれば予備として濃い目のシャーペンを準備しておくとよいでしょう。

② 集合時間について

　たとえば，試験が10時開始だったら，集合はその30分前の 9 時30分となります。試験には精神的な要素も多分に加味されるので，遅刻して余裕のない状態で受けるより，余裕をもって会場に到着し，落ち着いた状態で受験に臨む方が，よりベストといえるでしょう。

③ 途中退出

　試験開始後35分経過すると，途中退出が認められます。

　まだ全問解答していないと，人によっては"アセリ"がでるかもしれません。しかし，ここはひとつ冷静になって，「試験時間は十分にあるんだ」と言い聞かせながら，マイペースを貫いてください。実際，75分もあれば，平均して 1 問あたり 3 分以内で解答すればよく，すぐに解答できる問題もあることを考えれば，十分すぎるくらいの時間があるので，アセル必要はない，というわけです。

第1章

燃焼，および消火に関する基礎知識

燃焼の基礎知識

1 燃焼 (問題 P.20)

　燃焼とは「熱と光の発生を伴う酸化反応」のことをいいます。

　したがって，鉄が酸化反応を起こして錆びるのは，熱と光の発生を伴いませんので燃焼とはいいません。

2 燃焼の三要素 (問題 P.20)

　物質を燃焼させるためには，燃える物（可燃物）と空気（酸素供給源）およびライターなどの火（点火源）が必要です。

　この可燃物と酸素供給源および点火源（熱源）の三つを燃焼の三要素といい，このうちのどれ一つ欠けても燃焼は起こりません。

（可燃物）

O² （酸素供給源）

（点火源）

こうして覚えよう！

燃焼の三要素

燃焼を　さ　か　て　（逆手）にとれば消火になる
　　　　　酸素　可燃物　点火源

　逆に，消火をするためにはこのうちのどれか一つを取り除けばよい，ということになります（⇒P30.消火の方法）。

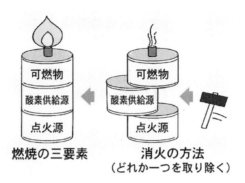

燃焼の三要素　　消火の方法
（どれか一つを取り除く）

可燃物
・燃えるもの
・有機化合物のほとんどが可燃物

【1】可燃物

　燃える物質，そのものを可燃物といいます。

　例）紙，木材，ガソリン，プロパン，<u>一酸化炭素</u>（注：二酸化炭素は不燃物なので注意！）など。

酸素供給源
・空気中の酸素
・酸素を含む物質
・可燃物の内部

酸素
・支燃性ガスである
・15%以下で燃焼停止

【2】酸素供給源

・燃焼に必要な酸素を供給するものを酸素供給源といいます。

・酸素供給源となるものには，

　① 空気中の酸素

　② 酸素を供給する物質（酸化剤など）に含まれる酸素（加熱すると分解して酸素を出す）

　③ 可燃物自体の内部にある酸素，

　などがあります。

・酸素は空気中に約21%含まれている支燃性ガス（物質の燃焼を助けるガス）で，その濃度が約15%以下になると燃焼は停止します。

 空気の成分の78%は窒素で21%は酸素です。

点火源
注）気化熱や融解熱などは点火源とはなりません。
（単に「火源」という場合もあります。）

【3】点火源（熱源）

　燃焼を起こすために必要な熱源で，マッチなどの火気のほか，静電気などによる火花も点火源となります。

3　燃焼の種類 （問題 P. 21）

　燃焼とひとくちに言っても，液体や固体の燃焼にはそれ
ぞれ次のような種類があります。

【1】液体の燃焼

　・蒸発燃焼

　液面から蒸発した<u>可
燃性蒸気</u>が空気と混合
して燃える燃焼をいい
ます。

例）ガソリン，アルコール
　　類，灯油，重油など

蒸発燃焼

【2】固体の燃焼

表面燃焼
表面だけが燃える

炎が出ない
ので無炎燃
焼ともいい
ます。

① 表面燃焼

　可燃物の表面だけ
が（熱分解も蒸発も
せず）燃える燃焼を
いいます。

例）木炭，コークスなど

表面燃焼

分解燃焼
熱分解で生じた可
燃性ガスが燃焼す
る

② 分解燃焼

　可燃物が加熱され
て熱分解し，その際
発生する可燃性ガス
が燃える燃焼をいい
ます。

例）木材，石炭などの燃焼

分解燃焼

内部燃焼
可燃物自身の酸素
によって燃焼する

　・内部燃焼（自己燃焼）

　分解燃焼のうち，そ
の可燃物自身に含まれ
ている酸素によって燃
える燃焼をいいます。

例）セルロイド（原料はニ
　　トロセルロース）など

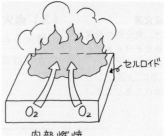

内部燃焼

なお，気体の燃焼には可燃性ガスと空気あるいは酸素とが，燃焼開始に先立ってあらかじめ混ざりあって燃焼する予混合燃焼というのがあるので覚えておいて下さい。

③　蒸発燃焼

　固体を加熱した場合，熱分解することなくそのまま蒸発して，その蒸気が燃えるという燃焼で，あまり一般的ではありません。

蒸発燃焼（固体）

例）硫黄，ナフタレンなどの燃焼

第1章

燃焼の基礎知識

4　完全燃焼と不完全燃焼

・完全燃焼とは，空気（酸素）が十分な状態での燃焼をいい，不完全燃焼とは，不十分な状態での燃焼をいいます。
・炭素の場合でいうと，完全燃焼すれば二酸化炭素を生じますが，不完全燃焼すれば有毒な一酸化炭素が発生します。
・その二酸化炭素と一酸化炭素では，次のように性質が異なります。

（注：両者とも**無色**，**無臭**です）

〈二酸化炭素〉	〈一酸化炭素〉
燃えない（十分な酸素と結びついているため）	燃える（不十分な酸素と結びついているため）
毒性なし	有毒
水に溶ける	水にはほとんど溶けない
液化しやすい	液化は困難である

燃焼範囲
燃焼可能な蒸気と空気の混合割合

5　燃焼範囲（爆発範囲）

(問題 P.23)

　液体の蒸発燃焼においては，可燃性蒸気と空気との混合割合が一定の濃度範囲でないと点火しても燃焼しません。この濃度範囲を燃焼範囲といいます。

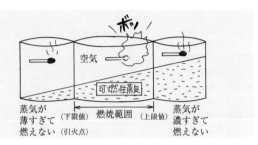

蒸気が薄すぎて燃えない（下限値）（引火点）　燃焼範囲　蒸気が濃すぎて燃えない（上限値）

下限値
燃焼範囲の最低濃度
上限値
燃焼範囲の最高濃度

① 燃焼範囲のうち，濃度が薄い方の限界を下限値，濃い方の限界を上限値といいます。

② 下限値の時の液体の温度が引火点となります。

③ 下限値が低いほど，また燃焼範囲が広いほど危険性が高くなります（下限値が低いと，空気中に少し漏れただけで燃焼可能となり，また燃焼範囲が広いと混合気がより薄い状態からより濃い状態まで燃焼可能，となるからです）。

Aの燃焼範囲

Bの燃焼範囲　　➡　　Bの方が危険性が大きい

6　引火点と発火点
(問題 P.24)

引火点
引火可能な蒸気を発生する最低の液温（注：蒸気の温度ではない）

引火点とは，可燃性液体の表面に点火源をもっていった時，引火するのに十分な濃度の蒸気を液面上に発生している時の，最低の液温をいいます。

発火点(着火温度)
点火源がなくても燃え始める最低の温度

これに対して発火点とは，可燃物を空気中で加熱した場合，点火源がなくても発火して燃焼を開始する時の，最低の温度をいいます。

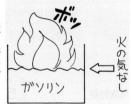

つまり，温度が引火点に達しても点火さえしなければ燃焼の危険はありませんが，発火点に達すると点火源の有無にかかわらず発火の危険が生じます。

① 一般に，引火点より発火点の方が高くなっています。
② 引火点，発火点とも，その値が低いほど危険性が大きくなります。
　（より低い温度で引火，および発火するからです）

　引火点が低い ➡ 低い温度で引火が可能な量の可燃性蒸気が発生 ➡ 低い温度で引火する可能性がある ➡ したがって，危険性が大きくなる，というわけです。

第1章

燃焼の基礎知識

動植物油類の乾性油
酸化熱が蓄積して，自然発火の危険性がある

7　自然発火 (問題 P. 26)

　動植物油類の乾性油などを空気中で放置しておくと，(空気中の) 酸素と反応して発熱し，それが長時間蓄積されると，ついには発火点に達して燃焼を起こすことがあります。この現象を自然発火といいます。

 「燃えやすい」ということは，「燃焼の危険性が大きい」ということです。

8　燃焼の難易 (問題 P. 27)

　可燃物には，燃えやすい状態のものと燃えにくい状態のものがあり，これを燃焼の難易といいます。

【1】大きいほど燃えやすいもの
① 周囲の温度が高い。
② 空気との接触面積が広い。
③ 可燃性蒸気が発生しやすい。
④ 発熱量（燃焼熱）が大きい。
⑤ 酸化されやすい。

【2】小さいほど燃えやすいもの

熱伝導率が小さい
⇩
熱が伝わりにくい
⇩
熱が逃げにくい
⇩
温度が上昇
⇩
燃えやすい

① 熱伝導率が小さい。
② 水分が少ない（乾燥している）。
③ 比熱が小さい。
④ 引火点や発火点が低い。
⑤ 沸点が低い。
⑥ 燃焼範囲の下限値が小さい。（注：燃焼範囲は大きいほど危険が大きい）

（問題 P.28）

9 静電気とは？

電気を通しにくい物体（絶縁体または不良導体という）どうしを摩擦すると，物体の表面に静電気が発生します。

その場合，一方の物体にはプラス，他方の物体にはマイナスの静電気が帯電し，それが蓄積されて何らかの原因で放電されると火花が発生します。その時，もし付近に可燃性蒸気が存在した場合は，それが点火源となって火災の危険が生じます。

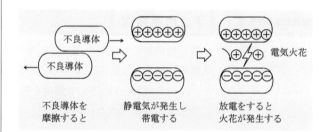

★ 静電気は人体をはじめとして，すべての物質に帯電します。

【1】静電気が発生しやすい条件

① 物体の絶縁抵抗が大きいほど（＝不良導体であるほど＝電気抵抗が大きいほど）発生しやすい。

② ガソリンなどの石油類が，配管やホース内を流れる時に発生しやすく，また，その流速が大きいほど，発生しやすい。

③ 湿度が低い（乾燥している）ほど発生しやすい。

④ ナイロンなどの合成繊維の衣類は木綿の衣類より発生しやすい。

【2】静電気の発生（蓄積）を防ぐには？

【1】の①から④の逆をすればよい。すなわち，

① 導電性の高い材料を用いる（容器や配管など）。

② 流速を遅くする（給油時など，ゆっくり入れる）。

③ 湿度を高くする。

④ 合成繊維の衣服を避け，木綿の服などを着用する。

以上のほか

車のドアに手を触れたり，化学繊維の服がこすれたりした時に静電気が発生してびっくりすることがありますね。もし，そんな時にガソリンなどのような引火しやすい蒸気が充満していたらどうなるでしょうか？

このように危険物を扱う際には静電気が発生しないよう細心の注意が必要になります。

静電気が発生しやすい条件
・絶縁抵抗が大
・流速が大きい
・湿度が低い
・合成繊維の衣類

静電気の防止
・導電性の高い材料を用いる
・流速を遅くする
・湿度を高くする
・木綿の服の着用
・摩擦を少なくする
・空気をイオン化
・接地をする

⑤ 摩擦を少なくする。

⑥ 室内の空気をイオン化する（空気をイオン化して静電気と中和させ，除去する）。

⑦ 接地（アース）をして，静電気を地面に逃がす。

などがあります。

こうして覚えよう！

湿度を高くすると，なぜ静電気が蓄積しないんだろう？

湿度が高い

⇓

空気中の水分が多い

⇓

静電気がその水分に移動する

⇓

したがって，蓄積が防止できる

というわけです。

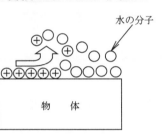

水の分子

物 体

燃焼の問題 （解答は p128〜）

（解答は p128〜）

燃焼・燃焼の三要素

（解答 P128）

（本文→P12）
燃焼
熱と光を伴う酸化反応

【1】 燃焼に関する記述のうち，誤っているのはどれか。
　(1)　燃焼とは物質が酸素と結びつく酸化反応のことをいう。
　(2)　一般に可燃物の温度が高いほど激しく燃焼する。
　(3)　可燃物，酸素供給源，点火源を燃焼の三要素という。
　(4)　一般に酸素の供給量が多いほど燃焼が激しい。

 燃焼の三要素のゴロ合わせを思い出してみよう
(P. 12) ⇒「燃焼を……」

【2】 次の組み合わせのうち，燃焼の三要素がそろっているのはどれか。

	可燃物	酸素供給源	点火源
(1)	プロパン	水素	電気火花
(2)	メタン	空気	静電気火花
(3)	一酸化炭素	酸素	気化熱（蒸発熱）
(4)	硫黄	窒素	炎

【3】 次のうち誤っているものはどれか。
　(1)　燃焼には，一般に熱や光を伴う。
　(2)　自然発火とは，常温において物質が空気中で自然に発熱し，その熱が　長時間蓄積されてついには発火点に達して燃焼を起こす現象である
　(3)　酸素は空気中に約21％含まれている。
　(4)　酸素供給源には二酸化炭素も含まれる。

酸素供給源には・空気中の酸素・酸化剤・可燃物の内部などがあります。

【4】 酸素供給源に関する次の記述のうち，誤っているのはどれか。
　(1)　酸化剤は酸素供給源である。
　(2)　空気中の窒素は酸素供給源ではない。
　(3)　一酸化炭素は酸素供給源のうちの一つである
　(4)　酸素供給源は空気だけではない。

【5】 次のうち，燃焼を起こすのに必要な点火源として，不適当なものはどれか。

融解熱とは
固体を溶か
して液体に
するのに必要な熱
のことをいいます
（例；氷⇒水）。

（1）　金属の衝撃による火花

（2）　融解熱

（3）　静電気の放電による火花

（4）　摩擦熱

【6】　**燃焼に関する次の記述のうち，正しいのはどれか。**

（1）　酸素は可燃物ではない。

（2）　熱と光と酸素を燃焼の三要素という。

（3）　二酸化炭素は可燃物である。

（4）　水素は酸素供給源である。

一酸化炭素
は燃えます
が，二酸化
炭素は燃えませ
ん。

【7】　**次のうち，可燃物はどれか。**

（1）　酸素　　　（2）　一酸化炭素

（3）　窒素　　　（4）　二酸化炭素

【8】　**酸素についての次の記述のうち，誤っているのはど
れか。**

（1）　物質の燃焼を助ける支燃性ガスである。

（2）　空気中の酸素濃度が約21％以下になると燃焼は停止
する。

酸素は支燃
性ガスであ
り，空気中
に約21％含まれて
います。

（3）　無色，無臭である。

（4）　不燃性である。

（解答 P129）

燃焼の種類

（本文→P14）

【9】　**次の文のA，Bに当てはまる語句として適当なもの
はどれか。**

「液体や固体の燃焼には，蒸発燃焼，表面燃焼，分解燃
焼，内部燃焼（自己燃焼）などがある。このうち，液体の
燃焼は（A）燃焼であり，液体の表面から発生した（B）
が空気と混合して燃える燃焼である」

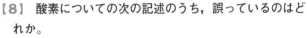

	A	B
（1）	表面	蒸気
（2）	分解	熱分解ガス
（3）	内部	酸素
（4）	蒸発	蒸気

【10】　**燃焼とその説明について，次のうち誤っているのは
どれか。**

　⑴　蒸発燃焼…液体の表面から発生する蒸気が空気と混
　　　　　　　合して燃える燃焼。

　⑵　表面燃焼…可燃物の表面から発生する分解ガスが燃
　　　　　　　える燃焼。

　⑶　分解燃焼…可燃物が加熱されて熱分解しその際発生
　　　　　　　する可燃性ガスが燃える燃焼。

　⑷　内部燃焼（自己燃焼）
　　　　　　　…分解燃焼のうち，その可燃物自身に含ま
　　　　　　　れている酸素によって燃える燃焼。

【11】　**可燃物とその燃焼の仕方の組み合わせで，次のうち
誤っているのはどれか。**

　⑴　木炭………空気に触れる表面だけが燃え，熱分解
　　　　　　　はしない。

　⑵　セルロイド…自身に含まれている酸素によって燃え
　　　　　　　る。

　⑶　灯油………加熱によって発生する熱分解ガスが燃
　　　　　　　える。

　⑷　石炭………熱分解して発生した可燃性ガスが燃え
　　　　　　　る。

燃焼の種類
は，次のと
おりです。
木炭……表面燃焼
セルロイド…内部燃焼
灯油……蒸発燃焼
石炭……分解燃焼

【12】　**可燃物とその燃焼の種類の組み合わせで，次のうち
誤っているのはどれか。**

　⑴　木炭の燃焼……………………表面燃焼

　⑵　木材の燃焼……………………分解燃焼

　⑶　セルロイドの燃焼………内部燃焼（自己燃焼）

　⑷　石炭の燃焼……………………表面燃焼

コークスは，
木炭と同じ
燃焼。重油
は，ガソリンや灯油
と同じ燃焼です。

【13】　**可燃物とその燃焼の仕方の組み合わせで，次のうち
正しいのはどれか。**

　A　アルコール……………蒸発燃焼

　B　コークス………………分解燃焼

C　ニトロセルロース……内部燃焼（自己燃焼）
D　重油………………表面燃焼
(1)　A　　　　　　(2)　A，C
(3)　B，C　　　　(4)　C

【14】　ガソリンや灯油のような可燃性液体の燃焼について
の説明で，次のうち正しいのはどれか。
(1)　液面から発生する可燃性蒸気と空気との混合気体が
燃える。
(2)　液体の表面が高温にさらされて燃える。
(3)　液体内部で発生した可燃性ガスが蒸発して燃える。
(4)　熱分解により発生したガスが燃える。

可燃性液体
の燃焼は蒸
発燃焼です。

(解答 P130)

燃焼範囲

(本文→P15)

【15】　可燃性蒸気の燃焼範囲の説明として，次のうち正し
いのはどれか。
(1)　発火点と引火点の間の温度範囲をいう。
(2)　可燃性蒸気が燃焼することができる最低温度と最高
温度の範囲をいう。
(3)　空気中において，可燃性蒸気が燃焼することができ
る濃度範囲をいう。
(4)　可燃性蒸気が燃焼する際に必要な酸素の濃度範囲を
いう。

下限値が低い
→可燃性蒸気が少
しあるだけで燃
える。
→燃焼の危険性が
大きい。

【16】　燃焼範囲についての説明で，次のうち正しいのはど
れか。
(1)　下限値が低いほど危険性が大きくなる。
(2)　上限値を超えた濃度でも点火源があれば燃焼する。
(3)　燃焼範囲が狭いほど危険性が大きくなる。
(4)　上限値の時の温度が発火点となる。

【17】　燃焼範囲についての次の説明文において A〜C に該
当する語句として，正しいのはどれか。
「可燃性液体の燃焼は（A）燃焼であるが，その際，（B）
から蒸発する可燃性蒸気と（C）との混合気体が一定の濃

— 23 —

度範囲でないと燃焼しない。この濃度範囲を燃焼範囲という」

	A	B	C
(1)	内部	液体内部	酸素
(2)	蒸発	液体内部	高温ガス
(3)	表面	液体表面	酸素
(4)	蒸発	液体表面	空気

引火点

(本文→P16)

　引火点と発火点は間違いやすいので，よく区別して理解しよう。

引火点
⇒点火源があれば引火する状態のうちで，最も低い液温

発火点
⇒点火源がなくても燃え始める最低の温度

(解答 P130)

【18】　引火点の説明として，次のうち正しいのはどれか。

(1)　燃焼範囲の上限値に相当する濃度の可燃性蒸気を，液面上に発生する時の最低の液温をいう。

(2)　物質が空気中で自然に発熱し，それが長時間蓄積されて自ら発火する時の最低の温度をいう。

(3)　可燃性液体が，引火するのに十分な濃度の蒸気を発生している時の最低の液温をいう。

(4)　可燃物を空気中で加熱した場合，他から点火されなくても自ら発火して燃焼する時の最低の温度をいう。

【19】　引火点についての説明で，次のうち誤っているのはどれか。

(1)　引火点はその液体の温度のことをいい，液面上に発生した可燃性蒸気の温度のことをいうのではない。

(2)　一般に発火点は引火点より高い。

(3)　引火点が高い物質は，引火点が低い物質に比べて，より危険性が高い。

(4)　ある可燃性液体の引火点が0℃であるなら，液温が20℃の状態で点火源を近づけると引火する。

【20】　「ある液体の引火点は20℃である」ということの説明として，次のうち誤っているのはどれか。

(1)　液面上の蒸気が，燃えるのに十分な濃度になる最低の液温が20℃である。

(2)　液温が10℃の状態で点火源を近づけても引火はしない。

(3) 燃焼範囲の下限値に相当する濃度の可燃性蒸気を, 液面上に発生する時の最低の液温が20℃である。

(4) 液温が20℃以上になると, 他から点火されなくても自ら発火して燃焼する。

引火点と発火点……点火源が必要なのは？

【21】 引火点が0℃の引火性液体Aと引火点が100℃の引火性液体Bがある。これについて次のうち誤っているのはどれか。

(1) 引火の危険性はAの方が高い。

(2) 低い温度でも可燃性蒸気を多く発生するのはAの方である。

(3) 液温が0℃以上になると, 液体Aの液面上には引火するのに十分な可燃性蒸気が発生する。

(4) 液温が50℃では, 可燃性蒸気はBの方が多く発生する。

Aは0℃以上で引火するのに十分な可燃性蒸気が発生しますが, Bは100℃以上でないと発生しません。

【22】 常温（20℃）において, ガソリンに点火源を近づけると引火した。これについて, 次のうち誤っているのはどれか。

(1) ガソリンの発火点は少なくとも常温（20℃）以下である。

(2) 常温（20℃）で引火可能な蒸気が発生している。

(3) 燃焼範囲の下限値の際の液温は, 少なくとも常温（20℃）以下である。

(4) 点火源が電気火花であっても, 引火する可能性がある。

燃焼範囲の下限値の際の液温とは, 引火点のことです。

発火点

（本文→P16）

引火点は点火源が必要ですが発火点は不要です。

(解答 P131)

【23】 発火点の説明として, 次のうち正しいのはどれか。

(1) 燃焼範囲の下限値に相当する濃度の可燃性蒸気を, 液面上に発生する時の液温をいう。

(2) 可燃物を空気中で加熱した場合, 他から点火されなくても自ら燃え始める時の最低の温度をいう。

(3) 燃焼範囲の上限値に相当する濃度の可燃性蒸気を, 液面上に発生する時の液温をいう。

(4)　可燃物が空気中で自然発火する時の最低の液温をいう。

【24】　**発火点について，次のうち正しいのはどれか。**

(1)　一般に油類の発火点は，その引火点より低い。

(2)　発火点に達すると，自ら燃え始める。

(3)　引火点は低いほど危険であるが，発火点は高いほど危険である。

(4)　物質が発火点に達しても，点火源がなければ発火はしない。

【25】　**「ある物質の発火点は300℃である」これについて，次のうち正しい記述はどれか。**

点火源は「熱源」又は「火源」と表現する場合もあります。

(1)　液温が300℃以下では，火源があっても燃焼はしない。

(2)　液温を300℃に加熱しても，火源がなければ燃焼はしない。

(3)　液温が300℃になれば，引火するのに十分な濃度の蒸気を発生する。

(4)　液温が300℃になれば，火源がなくても燃え始める。

（解答 P131）

自然発火

（本文→P17）

【26】　**次の自然発火についての説明文について（　）内に当てはまる語句の組み合わせで正しいのはどれか。**

「自然発火とは，（常温において）物質が空気中で自然に（A）し，その熱が長時間（B）されて，ついには（C）に達して燃焼を起こす現象である」

上文の（　）内に当てはまる語句の組み合わせで正しいのはどれか。

	A	B	C
(1)	発熱	放出	引火点
(2)	発熱	蓄積	発火点
(3)	吸熱	蓄積	発火点
(4)	吸熱	放出	引火点

【27】 次の文の （ ） 内に当てはまる語句の組み合わせで正しいのはどれか。

「第4類の危険物のうち，動植物油類の （A） は空気中の酸素と反応しやすく，（A） が染み込んだ繊維などを空気中で放置しておくと酸素と反応して （B） を発し，それが蓄積されると （C） を起こす危険がある」

	A	B	C
(1)	不乾性油	分解熱	爆　発
(2)	不乾性油	発酵熱	引　火
(3)	乾性油	分解熱	自然発火
(4)	乾性油	酸化熱	自然発火

（解答 P132）

動植物油類の乾性油
酸化熱が蓄積して，自然発火の危険性がある。

【28】 次の燃焼の難易についての記述のうち，誤っているのはどれか。

(1) 周囲の温度が高いほど燃焼しやすい。

(2) 酸化されやすい物質ほど燃焼しやすい。

(3) 熱伝導率が大きいほど燃焼しやすい。

(4) 空気との接触面積が広いほど燃焼しやすい。

燃焼の難易

（本文→P17）

 熱伝導率や水分含有量などは，小さい（少ない）ほど燃えやすくなります。

【29】 次の燃焼の難易に関する説明のうち，誤っているのはどれか。

(1) 物質を粉状にすると燃えやすくなるのは，その表面積が小さくなるからである。

(2) 熱伝導率が小さいと燃えやすくなるのは，熱が逃げにくいからである。

(3) 可燃性蒸気が発生しやすい物質ほど燃えやすい。

(4) 引火性液体は噴霧状にすると燃えやすくなる

 身近にある物(紙,木など)に置き換えて考えれば理解しやすくなります。

【30】 可燃物の燃焼の難易について，次のうち正しいのはどれか。

(1) 蒸発しにくいものほど燃えやすい。

(2) 物質が乾燥している方が燃えにくい。

(3) 大きいものより細かく砕いた物の方が燃えにくい。

(4) 物質が余熱されていると，燃えやすくなる。

静電気

(本文→P18)

静電気が帯電した（蓄積した）だけでは火災の危険はありませんが，放電すると点火源になる危険性があります。

静電気は不良導体（絶縁体）の摩擦によって発生します。

(解答 P132)

【31】　次の静電気についての記述のうち，誤っているのはどれか。

(1)　一般に静電気は不良導体の摩擦などによって発生する。

(2)　静電気が蓄積すると発熱し，火災の危険が生じる。

(3)　ガソリンなどの引火性液体が配管やホース内を流れる時に発生しやすい。

(4)　湿度が低いほど静電気が発生しやすい。

【32】　次の静電気についての説明のうち，正しいのはどれか。

(1)　静電気は人体には帯電しない。

(2)　静電気が帯電するのは液体のみで固体には帯電しない。

(3)　一般に液体や粉末が流動する時は静電気が発生しやすい。

(4)　引火性液体の流速を速くすれば，ある程度静電気の発生を防止できる。

【33】　静電気の発生を防止する対策として，次のうち誤っているのはどれか。

(1)　容器や配管などにポリエチレンなど，絶縁抵抗の大きい材料を用いる。

(2)　容器や設備などを接地（アース）して，静電気を地面に逃がす。

(3)　室内の空気をイオン化する。

(4)　合成繊維（ナイロンなど）の衣服を避け，木綿の衣服などを着用する。

【34】　移動タンク貯蔵所（タンクローリー）でガソリンを取り扱う場合，静電気を防止する対策として，次のうち正しいのはどれか。

(1)　注入口に静電気が蓄積すると危険なので，鉄製の棒

を使って放電させておいた。

(2)　移動貯蔵タンクから他のタンクに注入する場合，流速は遅い方がよいが，他のタンクから移動貯蔵タンクに注入する場合は速くしても支障はない。

(3)　地下タンクに注入する場合，静電気の蓄積を防止するため移動タンク貯蔵所のエンジンはかけたままにしておいた。

(4)　移動貯蔵タンクを接地した。

2 消火の基礎知識

★point★

消火の三要素
・除去消火
・窒息消火
・冷却消火

1 消火の方法 (問題 P.35)

　燃焼をするためには燃焼の三要素（可燃物，酸素供給源，点火源）が必要ですが，それを消火するには，そのうちのどれかを取り除けばよく，このような消火方法を消火の三要素といいます。

〈燃焼の三要素と消火の三要素の関係〉

燃焼の三要素		
可燃物	酸素供給源	点火源（熱源）
取り除く	取り除く	取り除く
除去消火	窒息消火	冷却消火
消火の三要素		

除去消火
可燃物を除去して消火

【1】除去消火　可燃物を除去して消火をする方法です。
　例）ガスの火を元栓を閉めることによって消す。（元栓を閉めることによって可燃物であるガスの供給を停止します。）

窒息消火
酸素を断って消火

【2】窒息消火　酸素の供給を断って消火をする方法です。
　例）燃えている天ぷらなべに，蓋をして消す。（蓋をすることにより酸素の供給を断ちます。）

冷却消火
燃焼物を冷却し，

【3】冷却消火
　燃焼物を冷却して熱源を除去し，燃焼が継続出来ないよ

熱源を取り除いて
消火

うにして消火をする方法です。

例）水をかけて消火する。

★　以上が消火の三要素です
が，これに次の燃焼を抑制す
る消火方法も加えて消火の四
要素という場合もあります。

負触媒消火
酸化の連鎖反応を
抑えて消火。

【4】負触媒（抑制）消火

　燃焼は酸化の連鎖反応が継続したものとも言えますが，
その連鎖反応をハロゲンなどの負触媒作用（抑制作用）に
よって抑えて消火をする方法を負触媒（抑制）消火といい
ます。

2　火災の種類

・火災は一般に普通火災（木や紙など，一般の可燃物によ
る火災），油火災(引火性液体による火災)，電気火災(変
圧器やモーターなどの電気設備による火災）に分けられ
ます。

普通火災：A火災
油火災　：B火災
電気火災：C火災

・普通火災をA火災，油火災をB火災，電気火災をC火災
といい，消火器にはそれらの用途別に色分けした，丸い
標識がついています。

　第4類危険
物の火災は
油火災にな
ります。

右の図の白色,
黄色，青色は
標識内の地の
色です。

　白色　　　　　　　黄色　　　　　　　青色

普通火災用(A火災)　　油火災用(B火災)　　電気火災用(C火災)

3　消火剤の種類　(問題 P.36)

消火剤には次のような種類があります。

水

・比熱や蒸発熱が大

・**油火災**に使用できない

・棒状の水は電気火災にも使用できない

【1】水

・水は安価でいたる所にあり，しかも**比熱や蒸発熱**（気化熱）が大きいので冷却効果も大きい。

・ただし，**油火災**には使用できません（油が水に浮き燃焼面が広がるため）。

・また，**棒状の水は電気火災**にも使用できません（棒状の水を伝わって電気が流れ感電するため）。

強化液

・霧状にすると全火災に適応

【2】　強化液

　炭酸カリウムの濃厚な水溶液のことで，霧状にすると油や電気火災にも使用できます。

泡消火剤

・泡による窒息効果で消火

【3】　泡消火剤

　燃焼面を泡で覆うことによる窒息効果および冷却効果で消火します。

ハロゲン化物消火剤

抑制効果で消火

【4】ハロゲン化物消火剤

　ハロゲン化物の持つ**負触媒効果**と窒息効果により，燃焼を抑制して消火します。

二酸化炭素消火剤

・炭酸ガスによる窒息効果で消火

・密閉室内では酸欠になる

【5】二酸化炭素消火剤

①　燃焼物を二酸化炭素（炭酸ガス）で覆うことによる窒息効果で消火します。

②　密閉された室内では，人が残っていると酸欠状態になる危険があるので注意が必要です。

ABC消火剤

・主成分はりん酸塩

・全火災適応

【6】粉末消火剤（消火粉末ともいう）

①　粉末（ABC）消火剤

　　・りん酸塩を主成分とするもので，全ての火災に適応する万能消火剤です。

　　・一般にABC消火器として広く用いられています。

②　粉末（Na）消火剤……BC消火剤ともいう。

　　・炭酸水素ナトリウムを主成分とするものです。

適応火災と消火効果

消火剤		主な消火効果	適応する火災		
			普通	油	電気
水	棒状	冷却	○	×	×
	霧状		○	×	○
強化液	棒状	冷却	○	×	×
	霧状	冷却　抑制	○	○	○
泡		冷却　　　窒息	○	○	×
ハロゲン化物		抑制　窒息	×	○	○
二酸化炭素		窒息	×	○	○
粉末	粉末(ABC)消火剤	抑制　窒息	○	○	○
	粉末(Na)消火剤	抑制　窒息	×	○	○

注：抑制効果は負触媒効果ともいいます。

第1章

消火の基礎知識

こうして覚えよう！

油火災に不適当な消火剤

●老いるといやがる　凶暴　な　水
オイル(油)　　　　強化液(棒状)　水

⇩

- 強化液（棒状）
- 水（棒状，霧状とも）

こうして覚えよう！

電気火災に不適当な消火剤

●電気系統が悪い　アワー（OUR）　ボート
泡　　　　　　棒状

⇩

- 泡消火剤
- 棒状の水と強化液

消火の問題 （解答は p132〜）

（解答 P133）

hint

燃焼・消火の三要素

（本文→P30）

「消火の三要素」に「負触媒（抑制）消火」を加えて消火の四要素という場合があります。

負触媒（抑制）消火とは，燃焼という酸化の連鎖反応を，ハロゲンなどの負触媒作用（抑制作用）によって抑えて消火することをいいます。

【35】次の下線部（A）〜（D）のうち，誤っているのはどれか。

「可燃物を取り除いて消火するのを（A）除去消火といい，また，酸素の供給を断って消火するのを（B）負触媒（抑制）消火という。一方，熱源を冷却することによって消火するのを（C）冷却消火といい，これらを合わせて（D）消火の三要素という。

(1) A　　(2) B

(3) C　　(4) D

【36】次の消火方法と消火効果の組み合わせのうち，誤っているのはどれか。

(1) ガスの元栓を閉めて火を消す。

　　　　　　　　　………………………除去効果

(2) 木材の火災に水をかけて消火する。

　　　　　　　　　………………………冷却効果

(3) アルコールランプにふたをして消す。

　　　　　　　　　………………………窒息効果

(4) 油が燃えだしたので泡消火剤で消火した。

　　　　　　　　　………………………負触媒効果

【37】次の消火に関する説明で，正しいのはどれか。

(1) 消火をするためには，燃焼の三要素のうち二要素以上を取り除けばよい。

(2) ローソクの炎を息で吹き消すのは窒息消火である。

(3) 熱源を冷却し，燃焼物の温度を引火点以下にすれば消火できる。

(4) 酸素の供給を遮断して消火するのは除去効果によるものである。

【38】消火に関する記述について，次のうち誤っているの

はどれか。

(1)　焚き火に水をかけて消火した。これは炎を除去して消火したので除去消火になる。

(2)　火がついた天ぷら鍋にふたをして火を消すのは窒息消火である。

(3)　一般に酸素濃度が14～15％以下になれば燃焼は停止する。

(4)　熱源から熱を奪って消火するのは冷却消火である。

【39】消火方法と消火効果の組み合わせで，次のうち正しいのはどれか。

砂をまいたり，ふたをすると火が消えるのは，酸素（空気）の供給が断たれるからです。⇒窒息消火

(1)　灯油が染みている布切れ（油ぼろ）が燃えだしたので，近くにあった砂をまいて消した。

　　　　　　　　　……………………窒息効果

(2)　容器内のガソリンが燃えていたので，泡消火器で消火した。

　　　　　　　　　……………………負触媒効果

(3)　紙くずが燃えだしたので，バケツの水をかけて消火した。

　　　　　　　　　……………………除去効果

(4)　容器内の灯油が燃えだしたので，ふたをして消火した。

　　　　　　　　　……………………抑制効果

消火剤

（本文→P31）

（解答 P133）

【40】次の消火に関する記述のうち，誤っているのはどれか。

(1)　二酸化炭素は空気より重く，極めて安定した不燃性ガスである。

泡による消火は炎を泡で包むことによる消火です。

(2)　泡による消火は，炎を泡で除去することによる除去効果である。

(3)　全ての火災に適応するABC消火器は，りん酸塩を主成分とする粉末消火剤である。

(4)　強化液とは，水に炭酸カリウムなどを溶かしたもので，水の消火力を強化した消火剤である。

窒息効果の
消火剤は
・泡
・二酸化炭素
・粉末
です。

水は比熱や
気化熱が大
きく，燃焼
物から熱を多く奪
います。

油と水の重
さの違い
（比重の違
い）を考えてみよ
う。

問40参照

油火災に不
適当な消火
剤のゴロ合
わせを思い出そう

⇒老いるといやが

オイル(油)

る凶暴　な　水

強化液（棒状）　水

【41】 次の文の （　　）内に入るものはどれか。
「密閉された室内で（　　）消火器を使用すると，中に残
っている人間が窒息する恐れがあり，大変危険である」
　(1)　一酸化炭素　　　　(2)　泡
　(3)　粉末　　　　　　　(4)　二酸化炭素

【42】 消火剤としての水の説明について，次のうち誤って
いるのはどれか。
　(1)　水蒸気で燃焼物を覆うので，酸素の供給を減らすこ
　　　とができる。
　(2)　水は気化熱(蒸発熱)が大きく，燃焼物から熱を奪う。
　(3)　水は抑制効果が大きい。
　(4)　油火災には使用できない。

【43】 水が灯油やガソリンなどの油火災には使用できない
理由として，次のうち正しいのはどれか。
　(1)　灯油やガソリンなどの引火点が下がるため。
　(2)　水が蒸発する際に有毒ガスを発生するため。
　(3)　油が水の表面に浮き，燃焼面(火面)が広がるため。
　(4)　水が混ざると可燃性蒸気が発生するため。

【44】 消火剤とその主な消火効果について，次のうち誤っ
ているのはどれか。
　(1)　泡消火剤…………窒息効果
　(2)　粉末……………冷却効果
　(3)　ハロゲン化物……負触媒（抑制）効果
　(4)　強化液（棒状）…冷却効果

【45】 次のうち，油火災の消火方法として誤っているのは
どれか。
　(1)　てんぷら油の火災に霧状の水を使用した。
　(2)　灯油の火災に泡消火剤を使用した。
　(3)　ガソリンの火災にハロゲン化物消火剤を使用した。
　(4)　重油の火災に消火粉末を使用した。

泡が液面を覆うと，どういう状態になるかを考えてみよう。

苦しいよ～……

【46】 **次の文の（　）内に入るものとして，適当なものはどれか。**

「ガソリンや灯油などの油火災に泡消火剤を放射すると，泡がそれらの液面を覆って（A）の供給を遮断するので，燃焼が停止する。つまり，（B）効果によって消火する」

	A	B
(1)	熱	除去
(2)	可燃物	冷却
(3)	油	負触媒（抑制）
(4)	空気（酸素）	窒息

第2章

危険物の性質並びに
その火災予防
および消火の方法

1

第４類危険物の性質と貯蔵，取扱い，および消火の方法

　丙種が取り扱える危険物は，ガソリン，灯油，軽油，第３石油類（重油，潤滑油と引火点が130℃以上のもの），第４石油類，動植物油類だけです。

（問題 P. 43）

★ point ★

1　第４類に属する危険物に共通する性質

共通する性質
・引火しやすい。
・水より軽い。
・水に溶けにくい。
・蒸気は空気より重い。
・静電気が生じやすい。
・一般に自然発火しない。

① 常温で**液体**である。

② 引火しやすい（沸点が低いものほど，より引火しやすく危険です。）

　★ たとえ引火点以下でも，**霧状**にすると引火して燃焼する危険があります。

③ 一般に**水**より**軽く**（液比重が１より小さい）水に溶けないものが多い。

④ 蒸気は**空気**より**重い**（蒸気比重が１より大きい）ので低所に滞留しやすく，空気とわずかに混合しても燃焼するものが多い。

⑤ **静電気**が生じやすい（生じた静電気が蓄積すると火花放電により引火する危険がある。）

⑥ 一般に自然発火はしないが，**動植物油**は自然発火する。

こうして覚えよう！

宣伝していた水より軽い　いかの
⑤静電気　　　　　③　　　②引火

時計がない　ので，気が重い
③溶けない　　　④空気より重い

2　共通する火災予防および取扱い上の注意 (問題 P. 44)

1の性質から，次のような注意が必要になります。

第4類の性質	火災予防および取扱い上の注意
引火しやすい （1の②） ⇒	①　火気や加熱などをさける（たとえ引火しにくい液体であっても，加熱により引火しやすくなるため。） ②　容器は**若干の空間容積**を確保して（可燃性蒸気の発生を抑える為に）**密栓**をし，直射日光を避けて**冷所**に貯蔵する（空間容積を確保するのは液温上昇による体膨張を考慮して。また冷所に貯蔵するのは，液温が上がると引火の危険性が生じるため。） ③　布にしみ込んだものは燃えやすくはなるが，**自然発火はしない**ので要注意！（一部の動植物油を除く）
蒸気は空気より重く低所に滞留しやすい （1の④）　⇒	①　通風や特に**低所**の換気を十分に行い，発生した蒸気は屋外の**高所**に排出する（地上に降下するあいだに薄められるため。） ②　可燃性蒸気が滞留するおそれのある場所では，火花を発生する機械器具などを使用せず，また電気設備は**防爆構造**のものを使用する。
静電気が生じやすい （1の⑤）　⇒	①　流速を**遅くする**。 ②　床面に散水するなどして**湿度を高くする**。 ③　絶縁性の高いものを使用せず，**導電性の高いもの**を使用する。 ④　**接地**をして静電気を除去する。 ⑤　その他，静電気の防止法（P18の【2】）参照

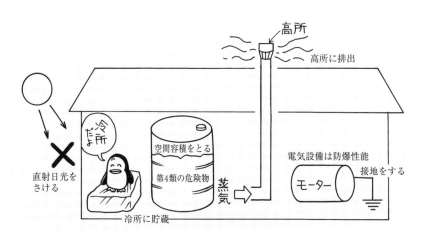

第４類の消火方法
⇒P31「3.消火剤の種類」参照

 油火災に効果的な消火剤より，油火災に使用できない消火剤を覚えた方が効率的です（少ないため）。

第４類に不適なもの

	棒状	霧状
水	×	×
強化液	×	○

3　第４類危険物の消火方法 (問題 P.47)

【1】　第４類（油）の消火に効果的な消火剤

- 泡消火剤
- 二酸化炭素消火剤
- 霧状の強化液
- 粉末消火剤
- ハロゲン化物消火剤

【2】　第４類（油）の消火に不適当な消火剤

- 棒状，霧状の水
- 棒状の強化液

⇒第４類の火災（油火災）に水を用いると，油が水に浮き燃焼面を拡大する恐れがあるため。

（解答 P135）

★ hint ★

共通する性質

（本文→P40）

第4類（油）は水より軽く，その蒸気は逆に空気より重いのが一般的です。

共通する性質を思い出そう。

【1】 第4類危険物の一般的な性質として，次のうち誤っているのはどれか。

　⑴　一般に静電気が発生しやすい。

　⑵　一般に自然発火はしない。

　⑶　一般に水より軽い。

　⑷　一般に蒸気は空気より軽い。

【2】 第4類危険物の一般的な特性について，次のうち正しいのはどれか。

　⑴　蒸気比重は空気より小さいので，拡散しやすい。

　⑵　引火点が低いものほど，危険性が高い。

　⑶　一般に電気の良導体であるため，静電気が蓄積されやすい。

　⑷　霧状にすると，火が着きにくくなる。

【3】 丙種危険物取扱者が取り扱うことのできる危険物の性状について，次のうち誤っているのはどれか。

　⑴　引火点が0℃以下のものはない。

　⑵　発火点が低いものほど危険性が高い。

　⑶　水に溶けないものが多い。

　⑷　常温（20℃）では液体である。

【4】 第4類危険物の危険性について，次のうち誤っているのはどれか。

　⑴　発火点以上の温度に加熱されると，火気がなくても燃焼する。

　⑵　流動しやすいので火災が拡大されやすい。

　⑶　火花などがあると引火する危険性がある。

　⑷　静電気が蓄積すると発熱し，自然発火を起こす危険がある。

第2章

性質と貯蔵，取扱い，および消火の問題

蒸気と空気の混合ガスは，薄すぎても濃すぎても燃焼しません。

【5】石油類の蒸気について，次のうち正しいのはどれか。

(1) 空気と混合する割合が薄すぎると点火しても燃焼しないが，濃すぎる場合は燃焼する。

(2) 蒸気の発生量は液温が低くなるほど多くなる。

(3) 空気と混合する割合が，ある一定の範囲の時に点火すると燃焼する。

(4) 発生した蒸気は空気より軽いので，上昇して拡散する。

【6】丙種危険物取扱者が取り扱うことのできる危険物の性状について，次のうち誤っているのはどれか。

(1) 流動や攪拌（かくはん）などにより，静電気が発生しやすい。

(2) 常温（20℃）以下であっても，引火点に達すれば炎や火花などにより引火して燃焼する。

(3) 蒸気比重は1より大きいので，低所に滞留しやすい。

(4) 霧状にすると，火は着きにくくなる。

火災予防および取扱い上の注意

(本文→P41)

(解答 P135)

液体の温度が上昇すると？
⇒膨張する（ので）
⇒収納する容器には余裕が必要となります。

【7】第4類危険物に共通する火災予防および取扱い上の注意について，次のうち誤っているのはどれか。

(1) 容器に収納する時は，すき間を作らないようにして密栓をする。

(2) 空容器であっても内部に蒸気が残っている可能性があるので，取扱いには十分注意する。

(3) 火気や高温体との接近を避ける。

(4) 静電気が発生するおそれのある場合は，接地などをして静電気が蓄積しないようにする。

【8】第4類危険物の貯蔵および取扱い上の注意について，次のうち正しいのはどれか。

(1) 静電気の発生を防止するため，貯蔵場所の湿度を低く保つ。

(2) 可燃性蒸気が発生すると天井付近に滞留しやすいので，特にその付近の換気に注意する。

　(3)　貯蔵する場合，貯蔵場所の温度は必ず引火点以下に
　　　保つ。
　(4)　可燃性蒸気が滞留するおそれのある場所では火花を
　　　発する機械器具を使用しない。

【9】油類の貯蔵および取扱い上の注意について，次のう
　　ち正しいのはどれか。
　(1)　ガソリンを貯蔵している容器が空になったので，す
　　　ぐに灯油を注入しておいた。
　(2)　容器は日光の直射を避け，冷所に貯蔵する。
　(3)　ドラム缶などに注油する際は，静電気の発生を抑え
　　　るため流速を出来るだけ速くする。
　(4)　容器に詰め替える際などに万一流出した時は多量の
　　　水で希釈する。

【7】のヒント参照

【10】油類を容器に収納する際，上部に空間を少し必要と
　　する理由として次のうち正しいのはどれか。
　(1)　液温の上昇を防ぐため。
　(2)　可燃性蒸気が発生するのを防止するため。
　(3)　液温上昇による体膨張で容器が破損するのを防ぐた
　　　め。
　(4)　運搬をする際に余裕を持たせるため。

【11】ガソリンを貯蔵および取り扱う際には，通風や換気
　　に注意する必要があるが，その主な理由として正しいの
　　は次のうちどれか。
　(1)　可燃性蒸気が滞留するのを防ぐため。
　(2)　室温の上昇を防ぐため。
　(3)　自然発火を防ぐため。
　(4)　液温を発火点以下に保つため。

ガソリンの
蒸気は空気
より重いの
で……

【12】ガソリンと灯油，およびその他の油類の危険性を述
　　べた次の文のうち，誤っているのはどれか。
　(1)　引火点はガソリンの方が低いので，引火の危険性は

燃焼範囲とは，可燃性蒸気と空気の混合ガスが燃焼可能な範囲のことで，その範囲が広いほど燃焼の可能性も大きくなるので，危険性も大きくなります。

ガソリンの方が大きい。

(2)　発火点は灯油の方が低いので，発火の危険性は灯油の方が大きい。

(3)　燃焼範囲（爆発範囲）は狭いほど危険性が大きい。

(4)　燃焼熱は大きいほど危険性が大きい。

【13】ガソリンを貯蔵していた容器に灯油を入れる場合，容器内のガソリンの蒸気を完全に除去してから入れる必要があるが，その理由を述べた次の文の下線部のうち誤っているのはどれか。

　　「容器内の(A) ガソリン蒸気の一部が灯油に溶けることによって(B) 燃焼範囲内まで蒸気濃度が下がり，そこに流入してきた灯油により発生した(C) 熱により引火し爆発する危険性があるため。

(1)　A　　　(2)　B

(3)　C　　　(4)　なし

灯油が流動すると何が発生するかを考えよう。

【14】ガソリンを取り扱う場合，静電気の発生を防止する方法として，次のうち誤っているのはどれか。

(1)　湿度は高く保つ。

(2)　給油する際はゆっくり注入する。

(3)　接地をする。

(4)　衣類は木綿などの着用を避け，ナイロンなど合成繊維のものを着用する。

【15】ガソリン，および灯油の取扱いについて，次のうち正しいのはどれか。

(1)　灯油が入っている容器に誤ってガソリンをその上から入れてしまったが，その後も灯油が入っている容器として扱った。

(2)　石油ストーブに誤ってガソリンを入れた場合，燃焼の炎は小さくなる。

(3)　給油取扱所（ガソリンスタンド）においてエンジンが掛かったままの自動車に給油してもよい。

(4) ガソリンの取扱いに際しては，その都度，周囲に火気がないかを確認した。

（解答 P137）

第4類の消火方法

（本文→P42）

【16】 消火器本体にある円形の火災適応マークについて，次のうち正しい色の組み合わせはどれか。

	普通火災	油火災	電気火災
(1)	茶色	青色	白色
(2)	白色	黄色	青色
(3)	青色	赤色	黄色
(4)	赤色	黄色	青色

泡消火剤は**油**火災には有効ですが，**電気**火災には感電の恐れがあるため使用できないので覚えておこう。

【17】 油類の火災に適応する消火剤として，次のうち誤っているのはどれか。

(1) 泡消火剤
(2) 二酸化炭素消火剤
(3) 霧状の強化液
(4) スプリンクラー設備

「効果」でいうと，「窒息効果」となります。

【18】 ガソリンや灯油などの消火にもっとも多く用いられている方法はどれか。

(1) 大量の水で冷却する。
(2) 空気（酸素）を遮断する。
(3) 可燃物を取り除く。
(4) 酸化剤を投入する。

油火災に不適当な消火剤のゴロ合わせを思い出そう。
⇒老いると……

【19】 油類の消火方法として，次のうち誤っているのはどれか。

(1) 動植物油の火災にハロゲン化物消火剤を用いた。
(2) 重油の火災に霧状の水を用いた。
(3) ガソリンの火災に二酸化炭素消火剤を用いた。
(4) 軽油の火災に，粉末消火剤を用いた。

油火災に使用できる消火剤は,【19】の「油火災に不適当な消火剤」"以外"の消火剤です。

【20】 **油類の消火方法として，次のうち正しいのはどれか。**

(1) 動植物油の火災に棒状の水を用いた。

(2) 重油の火災に棒状の強化液を用いた。

(3) ガソリンの火災に霧状の水を用いた。

(4) 軽油の火災に，霧状の強化液を用いた。

2　各危険物の性質

1　各危険物の特性値 （問題 P.53）

表1　（左から引火点の低い順に並べてあります）

	ガソリン	灯油	軽油	重油	第4石油類	動植物油類
引火点（℃）	−40以下	40以上	45以上	60〜150	200以上	250未満
発火点（℃）	約300	約220	約220	250〜380		
比重	0.65〜0.75	0.80	0.85	0.9〜1.0	0.9以上	約0.9
燃焼範囲（vol%）	1.4〜7.6	1.1〜6.0	1.0〜6.0			

こうして覚えよう！

まずは，主な危険物の引火点や発火点などの数値を覚えよう（表1の青い数字に注目！）

① ガソリン

ガソリンさんは　始終　石になろうとしていた。

　　　　30（0）　（−）40　1.4〜7.6
　　　（発火点）（引火点）（燃焼範囲）

ずし～ん

ガソリン

② 灯油と軽油

灯油を知れば，ふつうは　仕事はかどる。

　　40　　　　220　　　45
　（灯油の引火点）（発火点）（軽油の引火点）

③ 重油

重油にごれば，むれやすい。

　　250　　60℃
　（発火点）（引火点）

第2章

各危険物の性質

★point★

（問題 P. 53）

2　各危険物の性状

【1】　共通する性状または性状に特徴のあるもの

表2－1　〈共通する性状〉

（⇒第4類に共通する性質（P40）参照）

（P52の表2－4で使用します）

【1】の「公式」をすべて覚えておくと各危険物の性質でも共通に出てくるので大変有効です（P40のゴロ合わせを思い出そう）。

① 水より軽い。
（比重が1より小さい ⇒ 水に浮く）
② 水には溶けない。
③ 蒸気は空気より重い。
④ 静電気が発生しやすい。
⑤ 一般に自然発火しない。
（動植物油の乾性油は除く）

表2－2　〈性状に特徴のあるもの〉

① 常温（20℃）で引火の危険性があるもの（＝引火点が常温以下のもの）	ガソリンのみ。 ⇒他の危険物の引火点は常温以上
② 液体の色 　ガソリン（自動車用） 　　　　　　灯油 　　　　　　軽油 　　　　　　重油	 オレンジ色 無色または淡紫黄色 淡黄色または淡褐色 褐色または暗褐色

ガソリン

①種類
・自動車用ガソリン
・工業用ガソリン
・航空機用ガソリン
②引火点がきわめて低い
（－40℃以下）
③揮発しやすい
④蒸気が低所に滞留しやすい
⑤静電気が発生しやすい

※沸点

液体が沸騰を始める時の温度をいい，水の場合は100℃です。（水の沸点⇒100℃）

共通する危険性

①液温が引火点以上ではガソリン同様の危険性
②霧状や布にしみこんだものは引火点以下でも危険

【2】　ガソリンの性状 (問題P.54)

〈性質〉　①　用途により自動車用ガソリン，工業用ガソリン，航空機用ガソリンに分けられ，自動車用ガソリンはオレンジ色に着色されている。

②　引火点が－40℃以下と，きわめて低い温度でも引火する。

〈危険性〉①　沸点が低く揮発しやすいので，引火しやすい。

②　蒸気が低所に滞留しやすく，その濃度が爆発濃度になると危険である。

③　電気の不良導体であるため静電気が発生しやすく，詰め替え作業などの際には注意が必要(⇒　発生した静電気が蓄積する⇒　それが放電すると火花が発生⇒　爆発する)。

【3】　ガソリン以外の危険物の性状

表2－3　〈共通する危険性〉

（表2－4（P52）で使用します）

①　（液温が）引火点以上になると，ガソリンと同じくらい引火しやすくなるので非常に危険。

②　霧状にしたり，布にしみこませると，引火点以下であっても火がつきやすくなるので危険。

（⇒　空気との接触面積が大きくなるので）。

第2章

各危険物の性質

こうして覚えよう！

表2－3より　　　　　　　（①引火）

危険な K I R I N

（危険性）　　　（②霧状）

表2−4　〈各危険物の性状〉（問題 P56〜）

	〈性質〉	〈危険性〉
(1)灯油と軽油	共通する性状 (P50, 表2−1) のみ （灯油と軽油は引火点などの数値が多少異なるだけで，他はほとんど同じ）	共通する危険性(P51, 表2−3) のみ
(2)重油 （原油を蒸留してガソリンや灯油などを分別した後の油分）	共通する性状 プラス ①粘性（ねばり気）がある。 ②（沸点が高いので）揮発性は低い。 ③日本工業規格では1種（A重油），2種（B重油），3種（C重油）に分類されている。	共通する危険性 プラス ○（引火点が高いので）引火の危険性は小さいがいったん燃え始めると，燃焼温度が高いので，消火が大変困難となる。
(3)第4石油類 （潤滑油（ギヤー油など）や可塑剤など）	共通する性状 プラス ①粘性（ねばり気）がある。 ②蒸発しにくい（揮発性が低い）。	重油と同じ
(4)動植物油類 （動物の脂肉や植物の種子，もしくは果肉から抽出した液体）	共通する性状 プラス 乾性油，半乾性油，不乾性油に分けられる。	①乾性油は空気中の酸素と反応しやすく，その際発生した熱（酸化熱）が蓄積すると自然発火を起こす危険がある。 ⇒ボロ布などに染み込んだものを空気中に放置しておくと自然発火の危険がある。 ②その他：重油と同じ

こうして覚えよう！

表2−4の〈危険性〉を次のようにまとめると覚えやすくなります。

表2−5

灯油と軽油	➡ 〈共通する危険性〉のみ　　　（P51表2−3参照）
重油と第4石油類	➡ 〈共通する危険性〉＋燃焼温度が高く，消火が困難
動植物油類	➡ 〈共通する危険性〉＋燃焼温度が高く，消火が困難＋自然発火の危険

（解答 P138）

hint

引火点

（本文→P49）

P49の 表1 を思いだそう。

・常温で引火の危険性があるもの⇒引火点が常温より低いもの。

 丙種危険物取扱者が取り扱うことができる危険物のうち引火点が最も低いものはガソリンで，その次に低いのは灯油，軽油です。

共通する性状

（本文→P50）

 比重とは？⇒ある物質の重さがそれと同じ体積の水の重さの何倍か？ということを表した数値です。

【21】 次のうち，引火点が最も高いものはどれか。

(1) 軽油 　　　　　(2) ガソリン
(3) ギヤー油 　　　(4) 重油

【22】 常温（20℃）で引火の危険性がある危険物は，次のうちどれか。

(1) 動植物油類 　　(2) 重油
(3) 灯油 　　　　　(4) ガソリン

【23】 次のうち，引火点が低いものから順に並んでいるものはどれか。

(1) 灯油 → 自動車ガソリン → 動植物油類
(2) 自動車ガソリン → 灯油 → 重油
(3) 重油 → 軽油 → 自動車ガソリン
(4) 自動車ガソリン → シリンダー油 → 重油

【24】 次のうち，引火点が最も低いものはどれか。

(1) 灯油 　　　　　(2) 重油
(3) 軽油 　　　　　(4) ガソリン

（解答 P138）

【25】 比重について，次のうち正しいのはどれか。

(1) 軽油の比重は1より大きいが，重油の比重は1より小さい。
(2) 丙種危険物取扱者が取り扱うことができる危険物は，一般に水より軽い。
(3) ギヤー油やシリンダー油などの第4石油類は水より重い。
(4) 灯油は水より軽いが動植物油類は水より重い。

【26】 油類の蒸気について，次のうち正しいのはどれか。

(1) 一般に無臭である。

(2)　灯油や軽油の蒸気比重は1より小さいが，重油の蒸気比重は1より大きい。

(3)　油類の蒸気は，すべて空気より重く地面に沿って広がる。

(4)　ガソリンは非常に揮発性が高く，その蒸気はすぐに上昇する。

【27】次に並べた危険物のうち，水に溶けるものはいくつあるか。

「ガソリン，灯油，軽油，重油，ギヤー油，シリンダー油，動植物油類」

(1)　2つ　　　　　　　　(2)　4つ

(3)　6つ　　　　　　　　(4)　なし

【28】液体の色について，次の組み合わせのうち誤っているのはどれか。

(1)　ガソリン（自動車用）…オレンジ色

(2)　灯油………………………無色または淡紫黄色

(3)　軽油………………………淡黄色または淡褐色

(4)　重油………………………茶色

こうして覚えよう！

灯油と軽油の色には「淡」の字がつく（無色の灯油は除く）。

沸点が水より低いもの
⇒沸点が100℃以下のもの

ガソリン

（本文→P51）

共通する性状（P50）を把握していれば正解率はグンとアップするはずです。

【29】次のうち，沸点が水より低いものもある危険物はどれか。

(1)　ガソリン　　　　　(2)　灯油

(3)　軽油　　　　　　　(4)　重油

(解答 P139)

【30】ガソリンについて，次のうち正しいのはどれか。

(1)　蒸気は空気より軽いので，できるだけ低所に排出する。

(2)　電気の良導体であるので静電気は発生しにくい。

(3)　液比重は1より大きい。

(4)　引火点は常温（20℃）より低い。

【31】自動車ガソリンについて，次のうち誤っているのは

どれか。
(1) 水より軽く水に溶けない。
(2) 発火点が非常に低く，常温で発火する危険性がある。
(3) 燃焼範囲はおおむね1.4〜7.6vol%である。
(4) 蒸気は空気の3〜4倍重く，遠くまで流れる可能性があるので，広い範囲にわたって火気には注意する必要がある。

ガソリンの引火点は油類のなかでも最も低い方ですが発火点はそうではありません。

【32】自動車ガソリンについて，次のうち正しいのはどれか。
(1) 無色または淡紫黄色の液体である。
(2) 溶接工事など火気のある所では，風上より風下でガソリンを取り扱う方が危険である。
(3) 流動などにより静電気が発生しやすい。
(4) 引火点は0℃以上である。

火気より風上でガソリンを取り扱うと危険です。
（蒸気が風下の火気に流れるため）

【33】次のガソリンについての記述のうち，誤っているのはどれか。
(1) 特有の臭いのある揮発性の高い液体である。
(2) 容器にガソリンが残っている場合は，たとえ少量であってもその取扱いには注意を要する。
(3) 静電気の蓄積を防止するため，機器にアースを施した。
(4) 蒸気は低所に滞留しやすいので，低所にある火気のみに注意すればよい。

たとえ少しであっても，ガソリンが残っている容器に灯油をいれたりしてはいけません。

【34】自動車ガソリンの性状について，次のうち正しいのはどれか。
(1) 無色の液体であるが，一般に着色されている。
(2) ガソリンが染み込んだボロ布を空気中に放置しておくと，自然発火を起こす危険性がある。
(3) アルコールや水によく溶ける。
(4) 蒸気比重は1より小さい。

共通する性状を思い出そう（P50）。
・自動車ガソリンはオレンジ色に着色されている。

【35】次の文の（　）内に当てはまる語句の組み合わせで，正しいのはどれか。

【32】参照

「屋外でガソリンを扱う場合，特に（A）に火気がないかを確認し，また，屋内で扱う場合は，蒸気が（B）に滞留して燃焼範囲になるのを防ぐため（C）を十分に行い，（D）に貯蔵する」

	A	B	C	D
(1)	風上	高所	撹拌	密閉した場所
(2)	風下	低所	換気	冷所
(3)	風下	低所	機密性の保持	密閉した場所
(4)	風上	高所	撹拌	冷所

【36】ガソリンと灯油（または軽油）を比較した次の文のうち，誤っているのはどれか。

・引火点の低い方が危険性が高い。

(1) 危険性に大きな差はない。
(2) ともに水には溶けない。
(3) 揮発性はガソリンの方が高い。
(4) 燃焼範囲に大きな差はない。

(解答 P140)

灯油

（本文→P52）

「第4類に共通する性状」を思いだそう（P50）。

【37】灯油の性状として，誤っているのはどれか。

(1) 常温（20℃）では引火しない。
(2) 水より軽い。
(3) 水には溶けない。
(4) 蒸気は空気より軽い。

【38】灯油の性状について，次のうち誤っているのはどれか。

(1) 無色または淡紫黄色の液体である。
(2) 布にしみこませると火がつきやすくなる。
(3) 引火点は40〜70℃くらいである。
(4) 電気の良導体なので静電気は発生しない。

【39】灯油についての説明で，次のうち正しいのはどれか。

(1) 貯蔵または取り扱う場合は，換気や通風に注意する。

(2) 水より重く水に溶ける。

(3) 液温が引火点以下でもライターの火を近づければ燃える。

(4) 無色無臭の液体である。

液温が引火点以下だと燃えるもの（＝蒸気）が少ししか発生していないので点火源を近づけても燃えません。

【40】 灯油についての説明で，次のうち誤っているのはどれか。

(1) 引火点はガソリンより高い。

(2) 流動させても静電気が発生することはない。

(3) 沸点は水より高い。

(4) ストーブなどの燃料のほか，溶剤，洗浄用としても使用されている。

灯油，軽油，重油などの沸点は水より高くなっています。

【41】 灯油の取扱いについて，次のうち正しいのはどれか。

(1) 霧状にしても，引火点以下だと火が着くことはない。

(2) 灯油はガソリンに比べて揮発性が小さいので，液温が引火点以上に高くなっても引火しやすくなることはない。

(3) 容器は密栓をし，冷暗所に貯蔵する。

(4) 蒸気は空気より軽いので，特に高所の火気に注意する。

「共通する危険性」を思い出そう。
(P51)

（解答 P140）

軽油

（本文→P52）

・ガソリンの引火点は油類の中でも最も低い方の部類に入る。

【42】 軽油の性状について，次のうち誤っているのはどれか。

(1) 淡黄色または淡褐色の液体である。

(2) ガソリンと比べた場合，引火点は軽油の方が低い。

(3) 水より軽く，水に浮く。

(4) 自動車の燃料として使用され，ディーゼル油とも呼ばれている。

「共通する性状」「共通する危険性」を思い出そう
(P50，P51)。

【43】 軽油の性状について，次のうち正しいのはどれか。

(1) 沸点は水より低い。

(2) ガソリンが混ざると引火しやすくなる。

(3) 蒸気は空気より軽い。

（4）　ぼろ布などにしみ込んだものは自然発火しやすい。

【44】 軽油についての説明で，次のうち誤っているのはどれか。

（1）　発火点は100℃以上である。

（2）　液状より霧状の方が火が着きやすい。

（3）　液比重は1以下である。

（4）　燃焼範囲は，灯油より極めて広い。

灯油と軽油は引火点などの数値が多少異なるだけで他はほとんど同じです。

【45】 軽油の取扱いについて，次のうち不適当なものはどれか。

（1）　川や下水などに流れこまないようにした。

（2）　電気の不良導体なので，静電気が帯電しないようにした。

（3）　ガソリンより蒸発しにくく揮発性が低いので，容器の栓を軽く閉め，日の当たる場所で貯蔵した。

（4）　蒸気は空気より重いので，特に低所の換気に注意した。

【46】 灯油と軽油に共通する性状として，次のうち誤っているのはどれか。

「性状に特徴のあるもの」の①，常温で引火の危険性があるものを思い出そう。

（1）　液温が常温（20℃）でも引火の危険がある。

（2）　水より軽く，水に溶けない。

（3）　発火点は，ガソリンより低い。

（4）　霧状にすると引火しやすくなる。

（解答 P141）

重油

（本文→P52）

まずは共通する性状（P50）を思い出そう。
　　⇩
宣伝していた……それを思い出したら，

【47】 重油の性状について，次のうち誤っているのはどれか。

（1）　褐色または暗褐色の粘性のある液体である。

（2）　日本工業規格では1種（A重油），2種（B重油），3種（C重油）に分類されている。

（3）　引火点は常温（20℃）より低い。

（4）　一般に水より軽い液体である。

⇓
重油の性状（P52）
⇓
共通する危険性
（P51）
⇓
重油と第4石油類
の危険性（P52）
を順に思い出そ
う。

揮発性が高い
＝蒸発しやすい

 共通の性状
を思い出そ
う（P50）。

第4石油類

（本文→P52）
第4石油類
・潤滑油（ギヤー
油やシリンダー
油）や可塑剤な
ど
・引火点は200℃
以上

【48】**重油**について，次のうち誤っているのはどれか。

(1) 粘性（ねばり気）がある。

(2) 冷水には溶けないが温水には溶ける。

(3) 蒸気は空気より重い。

(4) 布にしみこませると火がつきやすくなる。

【49】**重油**について，次のうち正しいのはどれか。

(1) 引火点は灯油や軽油より低い。

(2) 灯油や軽油より揮発性が高い液体である。

(3) 加熱しても危険はない。

(4) 液温が引火点以下でも，霧状にすると引火の危険性
がある。

【50】**重油の性状**について，次のうち正しいのはどれか。

(1) いったん燃え始めると消火しにくい。

(2) 無色無臭の液体である。

(3) 布に染み込んだものは火が着きやすくなるが，引火
点以下だとその心配はない。

(4) 蒸気は空気より軽い。

【51】**重油の性状**について，次のうち誤っているのはどれ
か。

(1) 油温が高くなると，引火の危険性が大きくなる。

(2) 液比重は1より大きく，水に沈む。

(3) 沸点は水より高い。

(4) 常温（20℃）付近では引火しないが，加熱すると引
火する危険がある。

（解答 P142）

【52】**第4石油類の性状**について，次のうち誤っているの
はどれか。

(1) 水に溶けやすいものが多い。

(2) 引火点が200℃以上なので引火の危険性は低い。

(3) 一般に水より軽いが，重い（液比重が1より大きい）
ものもある。

第2章

各危険物の性質の問題

（4）　常温（20℃）では蒸発しにくい。

【53】**第4石油類の性状について，次のうち正しいのはど
れか。**

 第4石油類
の危険性は
重油と同じ
です。

（1）　加熱しても危険性はない。

（2）　ねばり気があり，常温では固形状のものが多い。

（3）　常温（20℃）付近でもマッチの火を近づけると引火
する。

（4）　燃えると液温が高くなるので，水を入れると水が沸
騰して危険である。

【54】**次の下線部A～Cのうち，誤っているのはどれか。**

　「第4石油類は（A）粘性のある揮発しやすい液体で，
（B）重油と同様，加熱しない限り引火の危険性は小さ
いが，いったん燃え始めると　（C）液温が高くなり，水
を入れると水が沸騰して油類を飛散させるので危険であ
る。」

（1）　A　　　　　　　　（2）　A，B

（3）　B　　　　　　　　（4）　C

【55】**潤滑油には，エンジンオイルのほかギヤー油やシリ
ンダー油などがあるが，次のうち，その性状について誤
っているのはどれか。**

 グリースは
常温で液状
ではないの
で危険物には該当
しません。

（1）　常温（20℃）では引火しない。

（2）　グリースは消防法上の危険物には該当しない。

（3）　潤滑油には第3石油類に属するものと第4石油類に
属するものがある。

（4）　常温では液状なので，水とはよく混ざる。

動植物油

（本文→P52）

 動植物油で
のポイント
は自然発火
です。
自然発火の起こる

（解答 P142）

【56】**動植物油類についての説明で，次のうち誤っている
のはどれか。**

（1）　一般に水より軽く，水に溶けない。

（2）　引火点が高く，常温（20℃）では引火する危険性は
少ない。

メカニズムをよく
把握しておこう。

(3) ぼろ布などにしみ込ませて放置しておいても自然発火することはない。

(4) 引火しにくいが，いったん燃えると消火が困難である。

【57】 **動植物油類**について，次のうち誤っているのはどれか。

(1) 動植物油類には，アマニ油やヤシ油などがある。

(2) 引火点が高いので，燃焼した場合は注水消火が有効である。

(3) 常温（20℃）付近では引火しないが，加熱すると引火する危険がある。

(4) 液比重は 1 より小さい。

【58】 次の文章の下線部分のうち，誤っているのはどれか。

　「動植物油類のうち，（A）乾性油がしみ込んだぼろ布などを放置しておくと，油が空気中の（B）水分と結びついて酸化し，その酸化熱が蓄積されて（C）発火点に達すると（D）自然発火を起こす危険がある。」

(1)　A　　　　　　　　(2)　B

(3)　C　　　　　　　　(4)　D

（解答 P143）

油類一般

P49の表1参照

ゴロ合わせを思い出し，引火点や発火点の数値を書いて比較してみよう。

【59】 **ガソリンと灯油**について，次のうち誤っているのはどれか。

(1) 引火点はガソリンの方が低い。

(2) 発火点は灯油の方が低い。

(3) ガソリンは水に溶けるが，灯油は水に溶けない。

(4) ガソリン，灯油とも水より軽い。

共通する性状の「公式」を思い出そう（P50）。

【60】 **ガソリン，灯油，軽油，および重油**に共通する性質として，次のうち誤っているのはどれか。

(1) 蒸気は空気より軽いので，漏れると上昇する。

(2) 燃焼の際には黒煙を発する。

(3) 水より軽い。

(4)　水にも温水にも溶けない。

丙種の危険物の引火点は一般に常温以上ですが，ガソリンのみ常温以下です。
⇒常温で引火の危険がある

【61】 ガソリンと重油に共通する性質として，次のうち正しいのはどれか。

(1)　常温（20℃）で引火する。

(2)　ガソリン，重油とも粘性のある液体である。

(3)　消火をする際は，窒息消火が効果的である。

(4)　ガソリン，重油とも揮発性のある液体である。

【62】 油類一般について，次のうち正しいのはどれか。

(1)　灯油，軽油，および重油の沸点は水より低い。

(2)　自動車用の軽油はオレンジ色に着色されている。

(3)　重油と第4石油類の燃焼温度は高いが，動植物油類は低い。

(4)　潤滑油には，ギヤー油やシリンダー油などがある。

「性状に特徴のあるもの」（P50）の「液体の色」を思い出そう。

【63】 油類一般について，次のうち誤っているのはどれか。

(1)　乾性油（動植物油類）は，自然発火を起こす危険がある。

(2)　重油は揮発性の低い液体であるが，第4石油類は揮発性の高い液体である。

(3)　一般に，可燃性蒸気は無色である。

(4)　常温（20℃）では液体である。

揮発性が低い
⇒蒸発しにくい

第3章

法　令

〈法令に出てくる主な用語について〉

　法令には，次のような専門用語が出てきますので，ここで前もってその意味をつかんでおいて下さい。

- ・所 有 者 等：所有者，管理者，または占有者のことをいいます。
- ・製 造 所 等：指定数量以上の危険物を貯蔵または取扱う危険物施設（製造所，貯蔵所又は取扱所）のことをいいます。
- ・市町村長等：市町村長や都道府県知事，または総務大臣を総称して言いますが，消防本部等（消防本部および消防署）の設置の有無によって次のように，その意味あいが異なります。
  - ○消防本部等が設置されている区域の場合
    - ⇒　その区域の市町村長
  - ○消防本部等が設置されていない区域の場合
    - ⇒　その区域の都道府県知事
- ・消 防 吏 員：消防職員のうち，（階級を有し，制服を着用し）消防事務に従事する者をいいます。

危険物の定義と指定数量

危険物
・法別表第1の品名欄に掲げる物品をいう。
・固体又は液体のみで気体はない。

1 危険物とは？ (問題 P.95)

「消防法別表第1の品名欄に掲げる物品で，同表に定める区分に応じ同表の性質欄に掲げる性状を有するもの」をいいます。

★ これらの危険物は常温において固体または液体であり，水素やプロパンガスなどの気体は（消防法でいう）危険物ではないので注意が必要です。

2 危険物の分類 (問題 P.95)

危険物はその特性により，第1類から第6類まで分類されており，そのうち第4類には表1のように7種類があります。

第4類危険物　表1

品名	引火点	性質	主な物品名	指定数量
特殊引火物	−20℃以下		ジエチルエーテル，二硫化炭素	50ℓ
第1石油類	21℃未満	非水溶性	ガソリン，ベンゼン	200ℓ
		水溶性	アセトン	400ℓ
アルコール類			メタノール，エタノール	400ℓ
第2石油類	21℃以上 70℃未満	非水溶性	灯油，軽油	1000ℓ
		水溶性	氷酢酸	2000ℓ
第3石油類	70℃以上 200℃未満	非水溶性	重油，クレオソート油	2000ℓ
		水溶性	グリセリン	4000ℓ
第4石油類	200℃以上		ギヤー油，シリンダー油	6000ℓ
動植物油類			アマニ油，ヤシ油	10000ℓ

★波線の入っている数値は，次ページの「こうして覚えよう」で使う数値です。

指定数量
・危険物を貯蔵または取り扱う場合に規制を受ける数量。
・数値が小さいほど危険度は高くなる。

3　指定数量 （問題 P.96）

【1】指定数量とは？ （表1参照）

　危険物といってもすべてが消防法の規制を受けるのではなく，ある一定の数量以上の場合に規制を受けます。この一定数量を指定数量といい，危険物の品名ごとにその数量が定められています（⇒この数値が小さいほど危険度は高くなります）。

　なお，指定数量未満の場合は市町村条例の規制を受けます。

指定数量以上の場合
・消防法の規制を受ける

指定数量未満の場合
・市町村条例の規制を受ける

「こうして覚えよう」
表1の品名の順序は
　　　　　（兄）
遠い　あに
特殊　1石油　アルコール　2石油

さん　よ　どこ？
3石油　4石油　動植物

と覚えよう。

こうして覚えよう！

指定数量の数値

ゴ	ツイ	よ	銭湯	風	呂	満員
50	200	400	1000	2000	6000	10000
特殊	1石　アルコール		2石	3石	4石	動植物

次のように，もっと簡単なゴロ合わせもあります。

ガソリン, 灯油（軽油）, 重油のみの指定数量

ガン	と	銃
ガソリン	灯油（軽油）	重油
↓	↓	↓
二	セは	二セ
200	1000	2000

第3章

危険物の定義と指定数量

【2】指定数量の倍数計算

①　危険物が1種類のみの場合

・たとえば，ガソリン（第1石油類）を400ℓ貯蔵する場合，ガソリンの指定数量は200ℓなので，400／200＝2より，「ガソリンを指定数量の2倍貯蔵する」という言い方をします。

・このように危険物が1種類のみの場合は，「貯蔵する量」を「その危険物の指定数量」で割って倍数を求めます。

☞ $$危険物の倍数＝\frac{危険物の貯蔵量}{危険物の指定数量}$$

1以上→1も含む
1未満→1を含まない

・この倍数が1以上の場合，すなわち指定数量以上の場合に消防法の規制を受けることになります。

例）灯油2000ℓは指定数量の何倍か？

⇒　灯油の指定数量は1000ℓなので
2000/1000＝2より
2倍となります。

危険物が2種類以上の場合
・それぞれの危険物の倍数を合計する

②　危険物が2種類以上の場合

・基本的には①と同じです。すなわち，それぞれの危険物ごとに倍数を求め，それを合計すればよいのです。

・たとえば，ガソリンを400ℓ，灯油を2,000ℓ貯蓄する場合

①より

$$ガソリンの倍数 = \frac{400}{200} = 2$$

$$灯油の倍数 = \frac{2000}{1000} = 2$$

倍数の合計＝2＋2＝4倍　となり，1以上なので消防法の規制を受けることになります。

4　仮貯蔵と仮使用
（問題 P.97）

【1】仮貯蔵及び仮取扱い

原則として，指定数量以上の危険物は製造所等以外の場

承認 の手続き

貯蔵, 取扱いの原則
指定数量以上は製造所等で貯蔵, 取り扱う。

仮貯蔵, 仮取扱い
消防（署）長の承認を受けた場合は10日以内なら可能。

仮使用
市町村長等の承認を受けて変更工事以外の部分を使用する。

所で貯蔵したり取り扱うことはできません。

　ただし, 次の場合は仮貯蔵及び仮取扱いとしてそれらが認められています。

〈仮貯蔵及び仮取扱いができる場合〉

　「消防長または消防署長」の承認を受けた場合は, 10日以内に限り「指定数量以上の危険物を製造所等以外の場所で貯蔵及び取り扱うこと」ができます。

仮貯蔵・仮取扱い⇒　指定数量以上を10日以内

【2】仮使用 (指定数量と直接関係はありませんが, 仮貯蔵とペアで覚えるということでここで説明をします。)

　仮使用とは, 製造所等の位置, 構造, または設備を変更する場合に, 変更工事に係る部分以外の部分の全部または一部を, 市町村長等の承認を得て完成検査前に仮に使用することをいいます。

仮使用⇒　「変更」工事以外の部分を仮に使用

仮貯蔵は消防長（または消防署長）, 仮使用は市町村長等が承認します

製造所等の区分

(問題 P.98)

・製造所等というのは，製造所，貯蔵所，取扱所の３つのことをいい，指定数量以上の危険物を貯蔵および取り扱う場合は，これらの製造所等で行う必要があります（注：「製造所等」を単に「危険物施設」や「施設」と表現する場合があります。

・その製造所，貯蔵所，取扱所は，更に次のように区分されています。
（貯蔵所は７種類，取扱所は４種類に区分されている）

表1

製造所	危険物を製造する施設

表2

貯蔵所	①屋内貯蔵所	屋内の場所において危険物を貯蔵し，または取り扱う貯蔵所
	②屋外貯蔵所 **こうして覚えよう！** 外は西， 異様な 屋外 2・4類 いおう イカは飛んでいる 引火 0℃	屋外の場所において（下線部はゴロに使う部分） ① 第2類の危険物のうち硫黄または引火性固体（引火点が0℃以上のもの） ② 第4類の危険物のうち，特殊引火物を除いたもの（第1石油類は引火点が0℃以上のものに限る→したがって，ガソリンは貯蔵できません） を貯蔵し，または取り扱う貯蔵所
	③屋内タンク貯蔵所	屋内にあるタンクにおいて危険物を貯蔵し，または取り扱う貯蔵所
	④屋外タンク貯蔵所	屋外にあるタンクにおいて危険物を貯蔵し，または取り扱う貯蔵所
	⑤地下タンク貯蔵所	地盤面下に埋設されているタンクにおいて危険物を貯蔵し，または取り扱う貯蔵所
	⑥簡易タンク貯蔵所	簡易タンクにおいて危険物を貯蔵し，または取り扱う貯蔵所
	⑦移動タンク貯蔵所 （タンクローリー）	車両に固定されたタンクにおいて危険物を貯蔵し，または取り扱う貯蔵所

表3

	①給油取扱所	固定した給油施設によって自動車などの燃料タンクに直接給油するための危険物を取り扱う取扱所
取扱所	②販売取扱所	店舗において容器入りのままで販売するための危険物を取り扱う取扱所 第1種販売取扱所：指定数量の15倍以下 第2種販売取扱所：指定数量の15倍を超え40倍以下
	③移送取扱所 （パイプライン）	配管およびポンプ，並びにこれらに附属する設備によって危険物の移送の取扱いをする取扱所
	④一般取扱所	給油取扱所，販売取扱所，移送取扱所以外の危険物の取扱いをする取扱所

　危険物を貯蔵および取扱う施設がすべて製造所等というのではなく，前ページの1～2行目に説明してあるように，「**指定数量以上**」の危険物を貯蔵および取扱う施設が製造所等というので，注意してください（⇒**指定数量未満**を貯蔵および取扱う施設は製造所等とは言わない）。

3 製造等の各種手続き

1 製造所等の設置と変更 (問題 P.100)

　製造所等を設置（または変更）して実際に使用を開始するまでには，次のような手続きの流れが必要になります。

① ＊市町村長に設置（変更）許可を申請する。
② 許可を受けると⇒　工事を開始
③ 工事完了後⇒　＊市町村長が行う完成検査を受ける。
④ 合格して「完成検査済証」を受けた後に使用を開始。

設置（変更）許可申請 ⇒ 許可 ⇒ 工事を開始 ⇒ 完成 ⇒ 完成検査申請

⇒ 完成検査 ⇒ 完成検査済証交付 ⇒ 使用開始

★point★

許可 の手続き

＊**市町村長**
⇒消防本部等（＝消防本部及び消防署）が置かれていない市町村の区域の場合は都道府県**知事**に対して行います。

届出 の手続き

届出先は，いずれも**市町村長等**です。

2 製造所等の各種届出 (問題 P.101)

　製造所等においては，次の場合に届出が必要になってきます。

表2－1

届出が必要な場合	提出期限
① 危険物の品名，数量または指定数量の倍数を変更する時	変更しようとする日の10日前まで
② 製造所等の譲渡または引き渡し	遅滞なく
③ 製造所等を廃止する時	〃
④ その他 　危険物保安統括管理者，危険物保安監督者の選任，解任	〃

届出以外の各種手続き（許可，承認，認可）を次にまとめておきます。

表2－2

手続きが必要な場合	必要な手続き	申請先
製造所等を設置，または（位置，構造，設備を）変更する場合	許可	＊市町村長等
仮貯蔵，仮取扱いしたい場合 （指定数量以上を10日以内）	承認	消防長・消防署長
（変更工事以外の部分を）仮使用したい場合		市町村長等
予防規程を制定または変更する場合	認可	市町村長等

＊ 消防本部等が置かれていない場合は⇒都道府県知事

第3章

製造等の各種手続き

4 危険物取扱者免状と保安体制

(問題 P.102)

 ★point★

1 危険物取扱者と免状

【1】危険物取扱者とは

　危険物取扱者とは，都道府県知事が行う危険物取扱者試験に合格し，都道府県知事から危険物取扱者の免状の交付を受けた者をいいます。

【2】免状の種類と権限など

表1−1

	取扱える 危険物の種類	無資格者に立会え る権限があるか？	危険物保安監督者 になれるか？
甲種	全部（1〜6類）	○	○（ただし6ヶ月 の実務経験必要）
乙種	免状に指定された 類のみ	○	○（ただし6ヶ月 の実務経験必要）
丙種	（※）指定された危 険物のみ	×	×

危険物取扱者
・知事が免状を交付
・免状は全国で有効

丙種には立会い
権限も保安監督
者になれる資格
もない。

（※）丙種が取扱
**　える危険物**
・ガソリン
・灯油
・軽油
・第3石油類（重
　油，潤滑油と引
　火点が130℃以
　上のもの）
・第4石油類
・動植物油類

 こうして覚えよう！

丙種が取扱える危険物

堝　が　重いよ〜　動　け！　と　ジュンが言った。

丙種 ガソリン 重油 4石油　動植物　軽油　灯油　潤滑油

（注：第3石油類の引火点が130℃以上のものはゴロに入っていません。）

丙種は定期点検には立ち会えますが，危険物取扱いには立ち会えません。

★ 立会いについて

　無資格者でも有資格者（丙種除く）が立ち会えば**危険物の取扱い**や**定期点検**などを行うことができます。

　その場合，甲種危険物取扱者が立ち会えば全ての危険物を，乙種危険物取扱者が立ち会えば，その取扱者の免状に指定されている**危険物**の取扱いや定期点検などを行うことができます。

免状の不交付
・免状の返納から1年を経過しない者。
・刑の執行等から2年を経過しない者。

免状の返納命令
・消防法令違反者に対し**知事**が命じる。

【3】免状の不交付

　次の者は，たとえ試験に合格しても都道府県知事が免状の交付を行わないことができます。

① 都道府県知事から危険物取扱者免状の返納を命じられ，その日から起算して1年を経過しない者。

② 消防法または消防法に基づく命令の規定に違反して罰金以上の刑に処せられた者で，その執行を終わり，または執行を受けることがなくなった日から起算して2年を経過しない者。

【4】免状の再交付

　免状を「忘失，滅失，汚損，破損」した場合は，再交付を申請することができます。

免状再交付の申請先
・免状の交付知事
・免状を書換えた知事

〈申請先〉 ① 免状を交付した都道府県知事
　　　　　 ② 免状の書換えをした都道府県知事

★ 汚損や破損の場合は，その免状を添えて提出する必要があります。

忘失免状を発見した場合
10日以内に再交付知事に提出する。

〈忘失した免状を発見した場合は？〉

　免状の再交付を受けた者が忘失した免状を発見した場合は，その免状を10日以内に再交付を受けた都道府県知事に提出する必要があります。

【5】免状の書換え

　次の免状記載事項に変更が生じた場合は，書換えを申請する必要があります。

① 氏名

免状書換えの申請先
・免状交付知事
・居住地（住んでいる所）の知事
・勤務地（働いている所）の知事

② 本籍地
③ 免状の写真が10年経過した場合
〈申請先〉 ① 免状を交付した都道府県知事。
② 居住地の都道府県知事。
③ 勤務地の都道府県知事。

免状手続きのまとめ　表1－2

手　続　き	内　　　容	申　請　先
交付	危険物取扱者試験の合格者	試験を行った知事
「再交付」	免状を「忘失，滅失，汚損，破損」した場合	免状を交付した知事 免状の書換えをした知事
「忘失」した免状を発見した場合	発見した免状を10日以内に提出する	再交付を受けた知事
「書換え」	① 氏名 ② 本籍地 ③ 免状の写真が10年経過した場合	免状を交付した知事 居住地の知事 勤務地の知事

こうして覚えよう！

その1．書換え内容

書換えよう，シャンとした本　名に
　　　　　　写真　　　　本籍　氏名

その2．再交付と書換えの申請先

① まず，「免状を交付した知事」は両者に共通，と覚える

② **サイ**が柿を食べている。
　　再 → 書き…
　再交付→書換をした知事

③ **カエル**が金魚を持っている。
　（書き）替える → 勤務地，居住地
　書き替え → 勤務地と居住地の知事

と覚えるわけです。

2　保安講習 (問題 P. 105)

　製造所等において危険物の取扱作業に従事している危険物取扱者は，都道府県知事が行う保安に関する講習を受講しなければなりません。

（注：消防法令に違反した者が受ける講習ではありません）

【1】受講義務のある者

受講義務のある者
免状取得者が取扱
作業に従事する場
合
受講義務のない者
・資格の無い者
・取扱作業に従事
していない者

　「危険物取扱者の資格のある者」が「危険物の取扱作業に従事している」場合。

　⇒　したがって，次の者は受講義務がありません。

・「危険物取扱者の資格のある者」でも危険物の取扱作業に従事していない場合。

・「危険物の取扱作業に従事している者」でも危険物取扱者の資格のない者。

【2】受講期間

　原則として，従事し始めた日から1年以内，その後は講習を受けた日以後における最初の4月1日から3年以内ごとに受講します。

　⇒　したがって，継続して従事している場合は，前回受講した日以後における最初の4月1日から3年以内に受講する必要があります。

【3】その他

受講義務違反
⇒免状の返納命令
受講地
⇒どこでもよい

・受講義務のある危険物取扱者が受講しなかった場合

　⇒　免状の返納命令を受けることがあります。

・どこの都道府県で講習を受講すればいいのか？

　⇒　全国どこの都道府県で受講しても有効となります。

3　危険物保安監督者

危険物保安監督者
選任，解任した時
⇓
市町村長等に届け
出る

　政令で定める製造所等の所有者等は，その危険物を取り扱うことのできる危険物取扱者の中から危険物保安監督者を定め，市町村長等に届け出る必要があります（解任した

第3章

危険物取扱者免状と保安体制

時も届け出る必要があります）。

必要な資格
・甲種か乙種で実務経験が6ヶ月以上ある者
・乙種は取得免状のみの保安監督者になれる
・丙種は保安監督者になれない

【1】 必要な資格は？

「甲種または乙種危険物取扱者」で，製造所等において「危険物取扱いの実務経験が6ヶ月以上ある」者

★ 乙種は免状に指定された類のみの保安監督者にしかなれません。

★ 丙種危険物取扱者は保安監督者にはなれません。

参考までに，製造所等の保安体制は次のようになっています。

危険物保安統括
管理者
⇩
危険物保安監督者
⇩
危険物取扱者
危険物施設保安員
⇩
その他の従業者

4　その他

【1】 危険物保安統括管理者

大量の第4類危険物を取り扱う事業所において，危険物の保安に関する業務を統括して管理をする者です。

【2】 危険物施設保安員

危険物保安監督者のもとで，その構造および設備にかかわる保安業務の補佐を行う者です。

なお，危険物保安統括管理者，危険物施設保安員とも資格は不要です。

5 定期点検と予防規程

★point★

定期点検
・1年に1回以上
実施。
・記録は3年間保存。

点検を行う者
・危険物取扱者。
・危険物施設保安員。
・上記以外の者。
⇒危険物取扱者の
立会いがあれば
実施できる。

1　定期点検　(問題 P.106)

・特定の製造所等の位置，構造，および設備が技術上の基準に適合しているかを，所有者等が自ら行う定期的な点検のことをいいます。

【1】点検を行う者

① 危険物取扱者（甲種，乙種，丙種）

② 危険物施設保安員

☆ 上記以外の者でも危険物取扱者の立会いがあれば実施できます。

【2】点検の回数：1年に1回以上

【3】点検記録の保存：3年間

【4】定期点検を必ず実施しなければならない製造所等

・地下タンク貯蔵所　　　｜　地下タンクを有する
・地下タンクを有する製造所　｜　施設は全てが対象
・地下タンクを有する給油取扱所｜（⇒地上から確認で
・地下タンクを有する一般取扱所｜　きないので）
・移動タンク貯蔵所
・移送取扱所（一部例外あり）

予防規程
・危険物の保安に
関して定めた規定

2　予防規程　……認可の手続きが必要……

・製造所等の火災予防のため，危険物の保安に関し必要な事項を自主的に定めた規定のことをいいます。

・予防規程を定めた時と変更した時は市町村長等の認可が必要です。

第3章

定期点検と予防規程

製造所等の位置・構造・設備等の基準

　製造所等には危険物による災害を防止するため，施設ごとに様々な基準が定めてありますが，その中には「複数の施設に共通の基準」と「各施設に固有の基準」があります。

I　複数の施設に共通の基準

★point★

1　保安距離 (問題 P.107)

・保安距離というのは，製造所等に火災や爆発が起こった場合，付近の建築物に影響を及ぼさないようにするために取る，一定の距離のことをいいます。

・その保安距離ですが，必要とする施設は次の5つであり，対象物の種類により次のように距離が定められています。

〈下図の建築物についての注意事項〉
（a）（b）地中埋設電線は含みません。
（e）大学，短大，予備校，旅館は含みません。
（f）重要文化財の収蔵庫（倉庫）は含みません。

保安距離と保有空地が必要な製造所等

	保安距離	保有空地
製造所	○	○
一般取扱所	○	○
屋内貯蔵所	○	○
屋外貯蔵所	○	○
屋外タンク貯蔵所	○	○
簡易タンク貯蔵所（屋外設置）		○
移送取扱所（地上設置）		○

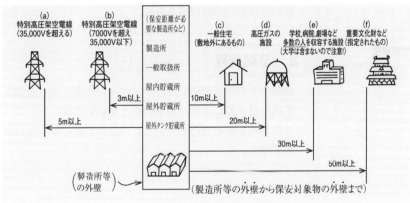

こうして覚えよう！

保安距離

保安**官の**ト　ニー　　　　　さん　　が（「ご」に変える）

保安距離　10m　20m　　　　30m　　50m

過　ご（「が」に変える）す　学校　じゅう，

住む（住宅）　ガス　　　　　重要

せい　いっぱい　外　と内　でガイダンス　する

製造所　一般　屋外　屋内　　屋外タンク

距離

保安距離
の必要な
5つの危
険物施設

〈保有空地の必要な施設〉

（上記＋次の2施設）

空き地で　カン　パイ！

簡易タンク　パイプライン（移送取扱所）

保有空地が必要な
施設。
⇒製造所
　屋内貯蔵所
　屋外貯蔵所
　屋外タンク貯蔵
　所
　一般取扱所
　　＋
簡易タンク貯蔵所
移送取扱所（地上
設置のもの）
（注：簡易タンク
貯蔵所は屋外に設
けるものに限りま
す）

2　保有空地　(問題 P.108)

① 保有空地とは，火災時の消火活動や延焼防止のため製
造所等の周囲に設ける空地のことをいい，いかなる物品
といえどもそこに置くことはできません。

② その保有空地ですが，必要とする施設は保安距離が
必要な施設に簡易タンク貯蔵所（屋外設置）と移送取
扱所（地上設置のもの）を加えた7つの施設です。

保有空地が必要な施設

⇒　保安距離が必要な施設＋簡易タンク貯蔵所
　　＋移送取扱所（地上設置）

保有空地が必要な施設⇒　保安距離が必要な施設
　　　　　　　　　　　　＋簡易タンク貯蔵所＋移送取扱所

3　建物の構造，および設備の共通基準

建物の構造，設備等にも，各施設に共通の基準があります。

【1】　構造の共通基準（次ページの図参照）

構造の共通基準
・**屋根**
　不燃材料とする。
・**窓**
　網入りガラスとする。
・**床**
　傾斜をつけ「ためます」を設ける。

屋内貯蔵所の場合，はりは不燃材料でよい

表3−1

場　所	構　造
屋根	不燃材料で造り，金属板などの軽量な不燃材料で葺く。
主要構造部(壁，柱，床，はり等)	不燃材料で造ること（屋内貯蔵所，屋内給油取扱所および延焼の恐れのある外壁は耐火構造とすること）。
窓，出入り口	①　防火設備（又は特定防火設備）とすること。 ②　ガラスを用いる場合は網入りガラスとすること。
床（液状の危険物の場合）	①　危険物が浸透しない構造とすること。 ②　適当な傾斜*をつけ，貯留設備（「ためます」など）を設けること。（*段差や階段はNG！）
地階	有しないこと

【2】　設備の共通基準（次ページの図参照）

設備の共通基準
・**可燃性蒸気が滞留する場所**
　蒸気を屋外高所に排出する設備を設ける。
・**避雷設備**
　指定数量が10倍以上の施設に設ける。

表3−2

設　備	設置が必要な場合
採光，照明設備	建築物には採光，照明，換気の設備を設けること。
蒸気排出設備と電気設備	可燃性蒸気等が滞留する恐れのある場所では， ①　蒸気等を屋外の高所に排出する設備 ②　防爆構造の電気設備 を設けること。
静電気を除去する装置	静電気が発生する恐れのある設備には，接地など静電気を有効に除去する装置を設けること。
避雷設備	危険物の指定数量が10倍以上の施設に設ける。（製造所，屋内貯蔵所，屋外タンク貯蔵所等のみ）

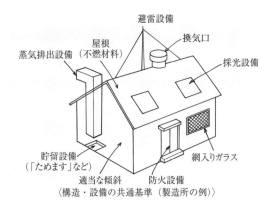

〈構造・設備の共通基準（製造所の例）〉

タンク施設に共通
の基準
・**タンクの外面**
　さび止め塗装を
　する。
・**タンクの厚さ**
　3.2mm 以上。
・**計量口**
　計量時以外閉鎖
　する。
・**タンクの元弁**
　危険物の出し入
　れするとき以外
　は閉鎖する。

【3】　タンク施設に共通の基準

表3−3

タンクの外面	錆止め塗装をすること。
タンクの厚さ	3.2mm 以上の鋼板で造ること。
液体の危険物を貯蔵する場合	その量を自動的に表示する装置を設けること。
圧力タンク以外のタンクの場合	通気管を設けること（高さは原則地上 4 m以上）。（圧力タンクの場合は安全装置を設ける。）

〈通気管の構造〉…無弁通気管（弁がないタイプの通気管）の場合
・直径を30mm 以上とすること。
・先端は水平より下に45度以上曲げ，雨水の侵入を防ぐ構造とするとともに，細目の銅網などの引火防止装置を設けること。

〈貯蔵の基準〉　表3−4

計量口	計量時（危険物の残量を確認する時）以外は閉鎖しておくこと（移動タンク除く）。
タンクの元弁注入口の弁*（ふた）	危険物の出し入れをするとき以外は閉鎖しておくこと。（＊移動タンク貯蔵所の場合は底弁）（移動タンク，簡易タンク除く）

（参考資料……配管の基準について）
①　配管は，十分な強度を有し，最大常用圧力の1.5倍以上の圧力で行う水圧試験を行ったとき，漏えいその他の異常がないものでなければならない。
②　配管を地下に設置する場合は，その上部の地盤面にかかる重量が当該配管にかからないように保護すること。

第3章

製造所等の位置・構造・設備等の基準

Ⅱ　主な危険物施設の基準

(問題 P.109)

 細かい数値に惑わされず，概略を把握するつもりで目を通そう！

(注：㊤は保安距離㊥は保有空地です)

1　製造所　　㊤○，㊥○

P.80の【1】と【2】を参照。

2　屋外タンク貯蔵所　㊤○，㊥○

屋外タンク貯蔵所
・**防油堤の高さ**
　0.5m 以上。
・**防油堤の容量**
　タンク容量の
　110％以上。

①　防油堤

　　液体の危険物（二硫化炭素は除く）を貯蔵するタンクの周囲には，危険物の流出を防止するための防油堤を設ける必要があります（⇒液体以外の危険物には不要）。

②　防油堤の容量

　・タンク容量の110％以上（＝1.1倍以上）とすること。

　・タンクが2つ以上ある場合は，その中で最大のタンク容量の110％以上とすること。

　・防油堤の高さは0.5m 以上とすること。

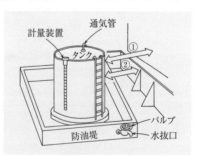

3　地下タンク貯蔵所　㊤×，㊥×

①　タンクの周囲には，危険物の漏れを検査する漏えい検査管を4箇所以上設けること。

②　第5種消火設備を2個以上設置すること。

③ 液体の危険物の地下貯蔵タンクへの注入口は，**屋外**に設けること。

4 移動タンク貯蔵所 ⓐ× ，ⓤ×

移動タンク貯蔵所とは，タンクローリーのように車両に固定されたタンクで危険物を貯蔵，または取り扱う施設のことをいいます。

① 車両を常置する（いつも置く）場所

(ｱ) 屋外：防火上安全な場所

(ｲ) 屋内：耐火構造又は不燃材料で造った建築物の１階

② ガソリンやベンゼンなど，静電気が発生する恐れがある液体の危険物用のタンクの場合

⇒ タンクに接地導線（アース）を設けること。

③ 標識など

(ｱ) 車両の前後の見やすい箇所に「危」の標識を掲げること。

(ｲ) 危険物の類，品名，最大数量を表示する設備を見やすい箇所に設けること。

④ 消火設備：自動車用消火器を2個以上設置すること。

移動タンク貯蔵所
・**タンクの容量**
30000ℓ以下
4000ℓ以下ごとに区切った間仕切りを設ける。
・**消火設備**
第5種消火設備を2個以上設置すること。

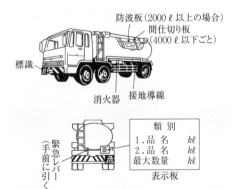

第3章
製造所等の位置・構造・設備等の基準

給油取扱所

・**給油空地**

　　間口：10m 以上

　　奥行：6m 以上

空地の構造

　　傾斜をつけ排水
溝と油分離装置
を設ける。

5　給油取扱所 　安× , 有×

① 自動車が出入りするための間口10m 以上，奥行 6 m 以上の空地（給油空地）を保有すること。

② 空地の構造

　㋐地盤面を周囲より高くし，表面に傾斜をつけ（危険物や水が溜まらないようにするため），コンクリートなどで舗装すること。

　㋑漏れた危険物等が空地以外の部分に流出しないよう，排水溝と油分離装置を設けること。

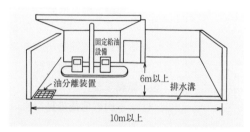

③ 地下タンク

　㋐専用タンク：容量に制限なし

　㋑廃油タンク：10000 ℓ 以下

6　販売取扱所 　安× , 有×

販売取扱所

・第 1 種→15以下

・第 2 種→15を超
　　　え40以下

　販売取扱所とは，塗料や燃料などを容器入りのままで販売する店舗のことをいい，第 1 種販売取扱所と第 2 種販売取扱所とに区分されています。

第 1 種販売取扱所	指定数量の倍数が15以下のもの
第 2 種販売取扱所	指定数量の倍数が15を超え40以下のもの

7 貯蔵・取扱いの基準

（すべての製造所等に共通の基準です。）

1 貯蔵・取扱いの基準

(問題 P.110)

〈重要事項〉

① 許可や届け出をした（品名以外の危険物／数量（または指定数量の倍数））を超える危険物を貯蔵または取扱わないこと。

② 貯留設備（「ためます」など）や油分離装置にたまった危険物はあふれないように随時くみ上げること。
（⇒ あふれると火災予防上危険であるため。）

③ 危険物のくず，かす等は1日に1回以上，危険物の性質に応じ安全な場所，および方法で廃棄や適当な処置（焼却など）をすること。

④ 危険物を保護液中に貯蔵する場合は，保護液から露出しないようにすること（＝外にはみ出ないようにする）。

⑤ 類を異にする危険物は，原則として同一の貯蔵所に貯蔵しないこと（→それぞれの危険性が合わさり，その分，災害が発生する危険性が大きくなるため）。

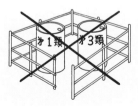

⑥ 貯蔵所には，原則として危険物以外の物品を貯蔵しないこと。

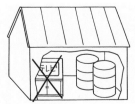

⑦ 可燃性の液体や蒸気な

— 85 —

★⑦と⑧の違いに
注意！
・可燃性蒸気や微
粉の場合
⇒**火花**禁止
・それ以外の場所
⇒不必要な**火気**
禁止（必要な
火気は可能）

どが漏れたり滞留，また
は可燃性の微粉が著しく
浮遊する恐れのある場所
では，電線と電気器具と
を完全に接続し，火花を
発するものを使用しない
こと。

⑧　みだりに火気を使用しないこと（注：絶対に禁止では
ない）。

⑨　危険物が残存している設備や機械器具，または容器な
どを修理する場合。

　　⇒　安全な場所で危険物を完全に除去してから行うこと。

⑩　移動タンク貯蔵所の基準

　　１．取り扱う危険物の類，品名，最大数量を表示するこ
　　　と。

　　２．タンクの底弁は使用時以外は閉鎖すること。

　　３．タンクから直接，容器へ詰め替えないこと。

⑪　給油取扱所の基準

　　１．給油する時

　　　㋐　固定給油設備を用いて直接給油すること。

　　　㋑　自動車等のエンジンを停止させ給油空地からはみ
　　　　出ない状態で給油すること。

　　２．自動車等を洗浄する時は，引火点を有する液体洗剤
　　　を使わない。

〈一般的事項〉（常識的な事項）

⑫　みだりに係員以外の者を出入りさせないこと。

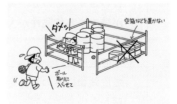

⑬　常に整理，清掃を行い，みだりに空箱などの不必要な

ものを置かないこと。

⑭　建築物等は，危険物の性質に応じた有効な遮光または換気を行うこと。

⑮　温度計や圧力計などを監視し，危険物の性質に応じた適正な温度，圧力などを保つこと。

⑯　容器は危険物の性質に適応し，破損や腐食，裂け目などがないこと。

⑰　容器を貯蔵，取り扱う場合は，粗暴な行為（みだりに転倒，落下，または衝撃を加えたり引きずる，などの行為）をしないこと。

2　廃棄する際の基準

表1

①	焼却する場合	安全な場所で見張人をつけ，他に危害を及ぼさない方法で行うこと。
②	埋没する場合	危険物の性質に応じ，安全な場所で行うこと。
③	危険物を海中や水中に流出（または投下）させないこと。	

危険物を川や海に流出（又は投下）させないこと。

焼却は安全な場所で見張人をつけて行うこと。

8

運搬と移送の基準

★point★

運搬
・タンクローリー
　以外による輸送。
・危険物取扱者は
　乗車しなくても
　よい。

移送
・タンクローリー
　による輸送。
・危険物取扱者の
　乗車が必要。

〈運搬と移送の違い〉

・運搬というのは，移動タンク貯蔵所（タンクローリー）以外の車両（トラックなど）によって危険物を輸送することをいいます。

・これに対して移送というのは，移動タンク貯蔵所（タンクローリー)によって危険物を輸送することをいいます。

Ⅰ　運搬の基準

1　運搬容器の基準 (問題 P.112)

① 容器の材質は鋼板，アルミニウム板，ブリキ板，ガラスなどを用いたものであること。

② 堅固で容易に破損せず，危険物が漏れる恐れのないもの。

③ 容器の外部には，次の表示が必要です。

指定数量**未満**のたとえ少量の危険物であっても**運搬の基準**は適用されるので注意しよう。

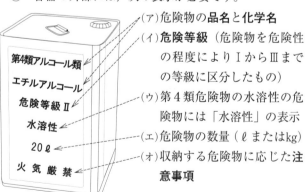

第4類アルコール類
エチルアルコール
危険等級Ⅱ
水溶性
20ℓ
火気厳禁

(ア)危険物の**品名**と化学名

(イ)**危険等級**（危険物を危険性の程度によりⅠからⅢまでの等級に区分したもの）

(ウ)第4類危険物の水溶性の危険物には「水溶性」の表示

(エ)危険物の数量（ℓまたはkg）

(オ)収納する危険物に応じた**注意事項**

こうして覚えよう！

容器に表示する事項

陽気なヒ　ト　なら（アルコールの）量
容器　品名 等級　名　　　　　　　　数量

に注意　するよう
注意事項　水溶

2　積載方法の基準

① 危険物は，原則として運搬容器に収納して積載すること。

② 容器は，収納口を上方に向けて積載すること。

③ 類の異なる危険物を同一車両で運搬するのを混載といい，第4類危険物
の場合，第1類と第6類の危険物との混載が禁止されています。

☆ ただし，指定数量の10分の1以下の場合は適用されません。

こうして覚えよう！

混載できる組み合わせ

1類－6類	
2類－5類	4類
3類－4類	
↓ 4類－3類	↓2，5類

左の部分は1から4と順に増加
右の部分は6，5，4，3と下がり，2
と4を逆に張り付け，そして最後に
5を右隅に付け足せばよい。

⇒4類と混載できない組合わせ

4類───1類，6類

運搬方法

・危険物取扱者の同乗は不要。

・指定数量以上の危険物を運搬する場合は「危」の標識を掲げること。

・消火設備の設置。

3 運搬方法

① 容器に著しい摩擦や動揺が起きないように運搬すること。

② 運搬中に危険物が著しく漏れるなど災害が発生するおそれがある場合は，応急措置を講ずるとともに消防機関等に通報すること。

③ 指定数量以上の危険物を運搬する場合は，次のようにする必要があります。

　㋐ 車両の前後の見やすい位置に，「危」の標識を掲げること。

　㋑ 休憩などのために車両を一時停止させる場合は，安全な場所を選び，危険物の保安に注意すること。

　㋒ 運搬する危険物に適応した消火設備を設けること。

Ⅱ　移送の基準

(問題 P.113)

（タンクローリーで危険物を運ぶ際の基準）

① 移送する危険物を取り扱うことができる<u>危険物取扱者</u>が乗車し，免状を<u>携帯</u>すること（必ずしも運転手が危険物取扱者である必要はなく，助手でもよい）。

② 移送開始前に，移動貯蔵タンクの**点検**を十分に行うこと（タンクの底弁，マンホール，注入口のふた，消火器など）。

③ 引火点が**40度未満**の危険物を注入する時は，移動タンク貯蔵所の原動機（エンジン）を停止して行うこと。

④ 移動貯蔵タンクから危険物が著しく漏れるなど災害が発生するおそれのある場合は，応急措置を講じるとともに消防機関等に通報すること。

⑤ 長距離移送の場合は，原則として2名以上の運転要員を確保すること。

なお，<u>消防吏員</u>または<u>警察官</u>は，火災防止のため必要な場合は，移動タンク貯蔵所を停止させ，危険物取扱者免状の提示を求めることができます。

丙種が移送できる危険物
＝
丙種が取扱える危険物
⇓
・ガソリン
・灯油
・軽油
・第3石油類（重油，潤滑油及び引火点が130℃以上のもの）
・第4石油類
・動植物油類
（ゴロ合わせはP.72参照）

第3章

運搬と移送の基準

9

消火設備, 警報設備

I 消火設備

(問題 P.114)

1 消火設備の種類

製造所等には消火設備の設置が義務づけられていますが, その消火設備には次の5種類があります。

表1

種別	消火設備の種類	消火設備の内容
第1種	屋内消火栓設備 屋外消火栓設備	
第2種	スプリンクラー設備	
第3種	固定式消火設備	水蒸気消火設備 水噴霧消火設備 泡消火設備 不活性ガス消火設備 ハロゲン化物消火設備 粉末消火設備
第4種	大型消火器	(第4種, 第5種共通) ( ) 内は第5種の場合 水 (棒状, 霧状) を放射する**大型** (**小型**) 消火器 強化液 (棒状, 霧状) を放射する**大型** (**小型**) 消火器 泡を放射する**大型** (**小型**) 消火器 二酸化炭素を放射する**大型** (**小型**) 消火器 ハロゲン化物を放射する**大型** (**小型**) 消火器 消火粉末を放射する**大型** (**小型**) 消火器
第5種	小型消火器 水バケツ, 水槽, 乾燥砂など	

こうして覚えよう!

(消火器は) 栓を する
消火栓 スプリンクラー
(第1種 第2種

設備 だ しょう(だ)
消火設備 大(型) 小(型)
第3種 第4種 第5種)

第1種消火設備
屋内消火栓設備

第2種消火設備
スプリンクラー設備

第3種消火設備
水噴霧消火設備

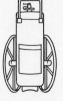
第4種消火設備
大型消火器

第5種消火設備
小型消火器

2　消火設備に関する主な基準

①　第5種消火設備を2個以上設置する施設。
　・移動タンク貯蔵所（自動車用消火器）
　・地下タンク貯蔵所

②　消火設備から防護対象物までの歩行距離
　・第4種消火設備：30m 以下（一部例外あり）
　・第5種消火設備：20m 以下（　　〃　　　）

Ⅱ　警報設備

(問題 P. 115)

事故が発生したときに危険を知らせる設備です。

警報設備
・指定数量の10倍
　（1所要単位）
　以上の製造所等
　に設置
・移動タンク貯蔵
　所には不要

＊「非常電話」
「手動サイレン」と出題されれば×なので注意しよう！

【1】警報設備が必要な製造所等
　　⇒　指定数量の10倍以上の製造所等
　　★　移動タンク貯蔵所には不要です。

【2】警報設備の種類
　　（下線部は【こうして覚えよう】に使う部分です）
　　①自動火災報知設備
　　②拡声装置
　　③非常ベル装置＊
　　④消防機関に報知できる電話
　　⑤警鐘

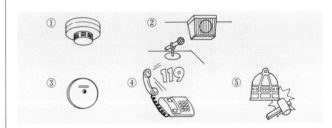

こうして覚えよう！

（警報の）　字　書く　秘　書　K
　　　　　　　自　拡　非　消　警

— 94 —

法令の問題 （解答は p144〜）

（解答 P144）

【1】危険物について，次のうち誤っているのはどれか。

(1) 消防法では「危険物とは，消防法別表第1の品名欄に掲げる物品で，同表に定める区分に応じ同表の性質欄に掲げる性状を有するもの」と定義されている。

(2) 固体，液体のほか，気体の危険物もある。

(3) 第1類から第6類まで分類されている。

(4) ガソリンは第4類第1石油類の危険物である。

逆の発想で解こう。

⇒危険物でないもの「＝気体」がいくつあるかを数える。
（過酸化水素は水素となっていますが**液体**の危険物です。間違わないように！）

【2】次のうち，消防法別表第1に危険物の品名として掲げられているものはいくつあるか。

「硫黄，水素，ギヤー油，過酸化水素，プロパン，硝酸」

(1) 1つ   (2) 2つ

(3) 3つ   (4) 4つ

第3章

法令の問題

【3】次の第4類危険物についての記述のうち，正しいのはどれか。

(1) 灯油は第2石油類であるが，軽油は第3石油類である。

(2) 動植物油類は第4石油類である。

(3) 重油は第3石油類である。

(4) アマニ油は第5石油類である。

【4】消防法における危険物について，次のうち正しいのはどれか。

(1) 消防法で定める危険物は，常温（20℃）においては固体，又は液体であり，気体のものは含まれない。

(2) 危険物は甲種，乙種，丙種に区分されている。

(3) 第3石油類の引火点は，200℃以上250℃未満である。

(4) アセチレンガスは消防法でいう危険物である。

200℃以上250℃未満というのは第4石油類の引火点です。

— 95 —

【5】 次の （ ） 内に該当する語句として正しいのはどれか。

「第1石油類とは，アセトン，ガソリン，その他1気圧において （ ） のものをいう」

(1) −20℃以下

(2) 21℃未満

(3) 21℃以上70℃未満

(4) 70℃以上200℃未満

指定数量

(本文→P65)

ゴロ合わせを思いだそう。

⇒ガンと銃……

(解答 P144)

【6】 危険物の指定数量について，次のうち誤っているのはどれか。

(1) ガソリン…………… 200ℓ

(2) 灯油 …………1000ℓ

(3) 軽油 …………1500ℓ

(4) 重油 …………2000ℓ

危険物の倍数
＝危険物の貯蔵量／危険物の指定数量

危険物が2種類以上の場合

・それぞれの危険物の倍数を合計する。

【7】 ガソリン1000ℓ，灯油3000ℓ，および重油10,000ℓを同一貯蔵所で貯蔵する場合，指定数量の倍数はいくらになるか。

(1) 9倍　　(2) 11倍

(3) 13倍　　(4) 15倍

指定数量の数値が小さいということとは

⇒少しの数量で消防法の規制を受ける

⇒それだけ危険性が大きい

ということになります。

【8】 次の指定数量についての記述のうち，誤っているのはどれか。

(1) 水溶性液体の指定数量は，非水溶性液体の指定数量の2倍である。

(2) 危険性が大きい危険物ほど指定数量の数値は小さい。

(3) ギヤー油やシリンダー油の指定数量は6000ℓで，第4石油類に該当する。

(4) 灯油と軽油の指定数量は200ℓで，第2石油類の非水溶性液体に該当する。

【9】 次の危険物を同時に貯蔵する場合，指定数量の倍数

が最も大きくなる組み合わせは，次のうちどれか。

まず，それ
ぞれの指定
数量を思い
だそう。
⇒【6】のゴロ合
わせ

	（ガソリン）	（灯油）	（重油）
(1)	100ℓ	1000ℓ	3000ℓ
(2)	100ℓ	500ℓ	2000ℓ
(3)	200ℓ	2000ℓ	1000ℓ
(4)	400ℓ	500ℓ	1000ℓ

【10】 重油を200ℓ入りドラム缶で5本貯蔵している貯蔵所において，次の危険物を同時に貯蔵する場合，指定数量以上貯蔵しているとみなされるものはどれか。

(1) ギヤー油……… 600ℓ
(2) 動植物油類……4000ℓ
(3) 灯油…………… 400ℓ
(4) ガソリン……… 100ℓ

指定数量以
上というの
は指定数量
の倍数が1.0倍以
上という意味です。

【11】 指定数量未満の危険物の貯蔵，および取扱いに関して，次のうち正しいのはどれか。

(1) 市町村条例の規制を受ける。
(2) 危険性が低いので規制は全く受けない。
(3) 都道府県条例の規制を受ける。
(4) 指定数量以上の危険物と同様の規制を受ける。

（解答 P146）

仮貯蔵，仮使用
（本文→P66）

【12】 次の文の（　）内に当てはまる語句の組み合わせで，正しいのはどれか。

「原則として，指定数量以上の危険物は危険物製造所等以外の場所で貯蔵したり取り扱うことはできない。ただし，（A）の（B）を受けた場合は（C）に限り，指定数量以上の危険物を製造所等以外の場所で，仮に貯蔵および取り扱うことができる。」

	（A）	（B）	（C）
(1)	消防長又は消防団長	許可	10日以内
(2)	市長村長等	許可	20日以内
(3)	消防長又は消防署長	承認	10日以内
(4)	市長村長等	承認	10日以内

承認の手続きが必要なのは仮貯蔵と仮使用だけです。ワンセットで覚えよう。

【13】危険物の貯蔵および取扱いについて，次のうち正しいのはどれか。

 (1) 仮貯蔵および仮取扱いが認められる期間は1週間である。

 (2) 指定数量未満の危険物の貯蔵や取扱いに関しては，特に規制を受けることはない。

 (3) 仮貯蔵および仮取扱いについては，市町村長の許可が必要である。

 (4) 原則として，指定数量以上の危険物を製造所等以外の場所で貯蔵することはできない。

仮使用は工**事以外**の部分を仮に使用する際の手続きです（工事の部分だと工事に差しつかえるため）。

【14】次の文の下線（A）～（D）のうち，誤っているのはどれか。

「仮使用とは，(A) 製造所等を変更する場合に，(B) 変更工事に係る部分の全部又は一部を，市町村長等の(C) 許可を得て(D) 完成検査前に仮に使用することをいう。」

 (1) AとD (2) B

 (3) BとC (4) D

【15】仮使用についての説明として，次のうち正しいのはどれか。

 (1) 製造所等の変更許可を受けたが，完成検査前に使用したいので変更に係る部分について，仮使用の承認申請をした。

 (2) 製造所等を変更する場合に，変更工事に係る部分以外の部分の全部，又は一部を，完成検査前に仮に使用したいため仮使用の承認申請をした。

 (3) 製造所等の設置許可を受けたが，完成検査前に一部使用するため，仮使用の承認申請をした。

 (4) 製造所等の事務所を全面改装するための変更許可を受けたが，事務所の一部を使用したいので仮使用の承認申請をした。

仮使用
・工事以外の部分について仮に使用する手続き。
・設置の際の手続きではなく，変更工事の際の手続き。

製造所等の区分

(解答 P146)

【16】次の製造所等に関する記述について，誤っているの

はどれか。

(1) 屋内タンク貯蔵所…屋内にあるタンクにおいて危険物を貯蔵し，又は取り扱う貯蔵所

(2) 移動タンク貯蔵所…車両に固定されたタンクにおいて危険物を貯蔵し又は取り扱う貯蔵所

(3) 一般取扱所…給油取扱所，販売取扱所，移送取扱所以外の危険物の取扱いをする取扱所

(4) 第1種販売取扱所…店舗において容器入りのままで販売するため，指定数量の40倍以下の危険物を取り扱う取扱所

ガソリンは第1石油類で引火点が0℃未満の第4類危険物です。

【17】次の製造所等において，ガソリンを貯蔵することができないのはどれか。

(1) 移動タンク貯蔵所

(2) 屋外貯蔵所

(3) 屋外タンク貯蔵所

(4) 地下タンク貯蔵所

第3章

法令の問題

【18】製造所等の区分の説明として，次のうち誤っているのはどれか。

(1) 第2種販売取扱所…店舗において容器入りのままで販売するために指定数量の15倍を超え40倍以下の危険物を取り扱う取扱所

(2) 地下タンク貯蔵所…地盤面下に埋設されているタンクにおいて危険物を貯蔵し，または取り扱う貯蔵所

(3) 給油取扱所…移動可能な給油施設によって自動車などの燃料タンクに直接給油するための危険物を取り扱う取扱所

ガソリンスタンドの給油施設がどういう状態であったかを思い出そう。

(4) 屋内貯蔵所…屋内の場所において危険物を貯蔵し，または取り扱う貯蔵所

製造所等の設置と変更

（本文→P70）

(解答 P147)

【19】次のＡ，Ｂに当てはまる語句として，正しいものはどれか。

「製造所等を設置，又は変更しようとする場合は，（Ａ）の（Ｂ）が必要である。ただし，消防本部および消防署が置かれている市町村の場合とする。」

承認が必要なのは仮貯蔵，仮使用だけです。

	（Ａ）	（Ｂ）
⑴	市町村長	認可
⑵	都道府県知事	承認
⑶	市町村長	許可
⑷	消防長又は消防署長	承認

【20】製造所等を設置，又は変更しようとする場合における手続きについて，次のうち誤っているのはどれか。

設置許可の申請先

・消防本部等がある。
　⇒市町村長
・消防本部等がない。
　⇒都道府県知事

⑴　製造所等を設置する場合は，工事が完成するまでに市町村長等の設置許可を受ける必要がある。

⑵　製造所等の位置や構造，および設備を変更する場合は，市町村長等の許可が必要である。

⑶　工事完了後は市町村長等が行う完成検査を受けなければならない。

⑷　消防本部および消防署が置かれていない市町村長の区域の場合，設置許可は都道府県知事に対して申請する。

【21】屋外貯蔵所を設置する際の手続きとして，次のうち正しいのはどれか。

⑴　設置届申請→承認→完成検査申請→完成検査

⑵　設置許可申請→設置許可→仮使用→完成検査申請→完成検査

⑶　設置許可申請→設置許可→完成検査申請→完成検査

⑷　設置届申請→承認→完成検査前検査申請→完成検査前検査

設置または変更工事が

【22】完成検査についての説明で，次のうち正しいのはどれか。

⑴ 完成検査は，工事完了後に受ける検査である。

⑵ 完成検査は，新しく製造所等を設置する場合のみに受ける検査である。

⑶ 完成検査を受ければ使用を開始することができる。

⑷ 消防本部および消防署が置かれている市町村の区域の場合，設置許可は市町村長が行うが，完成検査は都道府県知事が行う。

（解答 P147）

製造所等の各種届出

（本文→P70）

届出の期限

・原則
遅滞なく

・品名，数量等の変更しようとする日の10日前までに届け出る。

【23】 製造所等における各種手続きについて，次のうち誤っているのはどれか。

⑴ 危険物の指定数量の倍数を変更した場合
⇒変更しようとする日の10日前までに届け出る。

⑵ 危険物保安監督者を解任した場合
⇒遅滞なく届け出る。

⑶ 危険物の品名を変更した場合
⇒変更したあと遅滞なく届け出る。

⑷ 製造所等を廃止する場合
⇒遅滞なく届け出る。

【24】 製造所等の位置，構造又は設備を変更しないで，取り扱う危険物の品名，数量又は指定数量の倍数を変更する場合の手続きとして，次のうち正しいのはどれか。

⑴ 変更しようとする日の前日までに，市町村長等に届け出る。

⑵ 変更した日から10日以内に，消防長又は消防署長に届け出る。

⑶ 変更しようとする日の10日前までに，市町村長等に届け出る。

⑷ 変更した日から10日以内に，市町村長等に届け出る。

 届け出のうち，事前に市町村長等に届け出る必要があるのは「品名，数量または指定数量の倍数」を変更する場合のみです。

【25】 次のうち，市町村長等の許可が必要なのはどれか。

⑴ 製造所等を譲渡又は引き渡しをする場合

⑵ 製造所等の位置，構造又は設備を変更する場合

⑶ 製造所等を廃止する場合

⑷に比べて⑵は，より大がかりな変

更
⇒したがって許可
　が必要になる。

(4) 危険物の品名，数量又は指定数量の倍数を変更する
　　場合

【26】次の申請内容と申請の種類，及び申請先の組み合わ
　　せについて，誤っているのはどれか。

	申請内容	申請の種類	申請先
(1)	製造所等の位置，構造，設備を変更する場合	許可	市町村長等
(2)	仮使用	承認	市町村長等
(3)	製造所等を設置する場合	認可	市町村長等
(4)	仮貯蔵，仮取扱い	承認	所轄消防長及び所轄消防署長

(解答 P148)

危険物取扱者と免状

（本文→P72）

丙種が取扱
える危険物
（P72）の
ゴロ合わせを思い
出そう。
⇓
塀 が 重いよ〜。
丙 ガソリン 重油 4石油

動 け！と ジュン
動植物 軽油 灯油 潤滑油
が言った。

【27】危険物取扱者についての説明で，次のうち誤ってい
　　るのはどれか。
(1) 甲種危険物取扱者は，すべての危険物を取り扱うこ
　　とができる。
(2) 乙種第4類危険物取扱者が立ち会うと，危険物取扱
　　者以外の者でも第4類の危険物を取り扱うことができ
　　る。
(3) 丙種危険物取扱者は，ガソリンや灯油，および重油
　　を取り扱うことができる。
(4) 丙種危険物取扱者が立ち会うと，危険物取扱者以外
　　の者でもガソリンや灯油，および重油を取り扱うこと
　　ができる。

丙種は定期
点検には立
ち会えます
が，危険物の取扱
いには立ち会えま
せん。

【28】危険物取扱者について，次のうち正しいのはどれか。
(1) 危険物取扱者になるには，免状の交付を受けたあと，
　　製造所等の所有者から選任されなければならない。
(2) 乙種危険物取扱者であれば丙種危険物取扱者が取り
　　扱える危険物はすべて取り扱うことができる。
(3) 製造所等では，指定数量未満であっても，危険物取

扱者以外の者は危険物を取り扱うことができない。

(4)　丙種危険物取扱者は，指定された危険物を取り扱うことはできるが，立会いの権限はない。

甲種は全ての類の危険物取扱いに立ち会えますが，乙種は指定された類のみしか立ち会えません。

【29】次のうち，**無資格者が危険物を取り扱うことができる場合**はどれか。

(1)　甲種危険物取扱者が立ち会った場合。

(2)　乙種第 4 類危険物取扱者が立ち会うと，第 4 類以外の危険物でも取り扱うことができる。

(3)　丙種危険物取扱者が立ち会った場合。

(4)　製造所等の所有者の許可がある場合。

免状は全国で有効です。たとえば，東京で免状を取得した人が大阪で危険物を取り扱うことも可能です。

【30】**危険物取扱者の免状について，次のうち誤っているのはどれか。**

(1)　消防法令に違反した場合，都道府県知事より免状の返納を命じられることがある。

(2)　免状を取得した都道府県以外で危険物を取り扱う場合は，その都道府県で新たに免状の交付を受ける必要がある。

(3)　免状を汚損又は破損した場合は，再交付を申請することができる。

(4)　免状を忘失して，免状の再交付を受けた者が忘失した免状を発見した場合は，これを10日以内に再交付を受けた都道府県知事に提出する必要がある。

自動車の免許証は，たとえ乗車しなくても数年ごとに更新する必要がありますが，危険物の場合，その必要はありません。

【31】**危険物取扱者免状について，次のうち誤っているのはどれか。**

(1)　免状を汚損又は破損した場合の再交付申請には，当該免状を添えて提出する必要がある。

(2)　免状取得後は 3 年ごとに更新する必要がある。

(3)　免状の記載事項に変更が生じた場合は，書換えを申請する必要がある。

(4)　免状は，それを取得した都道府県の範囲内だけでなく全国どこでも有効である。

書換えのゴ
ロ合わせを
思い出そう。

書換えよう<u>シャシン</u>
　　　　　写真

とした<u>本</u>　<u>名</u>に
　　本籍　氏名

【32】 免状の書換えが必要な組み合わせは，次のうちどれか。

A　現住所が変わった時

B　免状の写真が10年経過した時

C　氏名が変わった時

D　勤務先の住所が変わった時

E　本籍地が変わった時

⑴　A，C　　　　　⑵　A，C，D

⑶　B，C，E　　　⑷　B，D，E

（本文 P. 74）

【33】 次の免状の手続きとその申請先について，正しい組み合わせはどれか。

手続き	申請先
再交付	(A) (B)
忘失した免状を発見した場合	(C) に提出
書換え	(D) (E) (F)

ア　居住地の都道府県知事

イ　勤務地の都道府県知事

ウ　免状を交付した都道府県知事

エ　免状の書換えをした都道府県知事

オ　再交付を受けた都道府県知事

カ　本籍地の都道府県知事

	(A)	(B)	(C)	(D)	(E)	(F)
⑴	ウ	オ	エ	ア	イ	ウ
⑵	ア	エ	オ	イ	ウ	カ
⑶	ウ	エ	オ	ア	ウ	カ
⑷	ウ	エ	オ	ア	イ	ウ

【34】 危険物取扱者の免状について，次のうち正しいのはどれか。

⑴　免状の記載事項に変更が生じた場合は，遅滞なく居住地又は勤務地を管轄する市町村長等に届け出なければならない。

⑵　免状の写真がその撮影から20年を経過した時は，都道府県知事に書換えを申請する必要がある。

免状の携帯義務があるのは移動タンク貯蔵所に乗車する場合のみです。

(3) 忘失などによって免状の再交付を申請する場合は，免状を交付，または書換えをした都道府県知事に対して申請する。

(4) 免状は，移動タンク貯蔵所で危険物を移送している場合を除き，携帯する必要がある。

(解答 P149)

保安講習

(本文→P75)

【35】 危険物の取扱作業の保安に関する講習について，次のうち誤っているのはどれか。

(1) 製造所等において危険物の取扱作業に従事している危険物取扱者は，受講義務がある。

(2) 講習は居住地，又は勤務地を管轄する都道府県で受講しなければならない。

この保安講習と免状は「地域限定」ではありません。全国どこでも受講でき，また有効です。

(3) 危険物の取扱作業に従事していても，危険物取扱者の免状を交付されていない者は受講義務がない。

(4) 危険物取扱者の免状の交付を受けていても，現在危険物の取扱作業に従事していなければ受講しなくてよい。

【36】 危険物保安講習について，次のうち正しいのはどれか。

(1) 危険物に関する法令に違反した者が受ける講習である。

(2) 製造所等において，危険物の取扱作業に従事している者はすべて受講しなければならない。

受講義務のある者は「免状取得者」が「取扱作業に従事する場合」です。

(3) 甲種，および乙種危険物取扱者には受講義務があるが，丙種危険物取扱者に受講義務はない。

(4) 継続して危険物の取扱作業に従事している危険物取扱者は，前回講習を受けた日以後における最初の4月1日から3年以内に講習を受けなければならない。

【37】 危険物の取扱作業の保安に関する講習について，次のうち正しいのはどれか。

(1) 危険物取扱者試験に合格した翌日から数えて，3年以内に受講する必要がある。

第3章

法令の問題

(2)　危険物保安監督者に選任されているものは，前回講習を受けた日以後における最初の4月1日から3年以内に講習を受けなければならない。

受講時期は原則として3年に1回です。

(3)　甲種，および乙種危険物取扱者は3年に1回，丙種は5年に1回受講する必要がある。

(4)　移動タンク貯蔵所に乗車する危険物取扱者の場合は，受講義務がない。

【36】参照

なお，講習は都道府県「知事」が行います。

【38】次のうち，危険物の保安講習を受けなければならない者はどれか。

(1)　前回講習を受けたあと，危険物の取扱作業に従事しなくなった者。

(2)　すべての危険物保安統括管理者。

(3)　危険物保安監督者に選任されている者。

(4)　製造所等で危険物の取扱作業に従事している者。

定期点検

(本文→P77)

(解答 P150)

【39】製造所等における定期点検について，次のうち誤っているのはどれか。ただし，規則で定める漏れの点検を除く。

(1)　点検は，原則として1年に1回以上実施しなければならない。

(2)　点検記録は，原則として3年間保存しなければならない。

(3)　危険物施設保安員は，定期点検を行うことができる。

丙種は自ら定期点検を実施することができ，また立会いもできます。

(4)　危険物取扱者のうち，甲種と乙種は定期点検を行うことができるが，丙種はできない。

【40】定期点検についての説明で，次のうち誤っているのはどれか。ただし，規則で定める漏れの点検を除く。

(1)　製造所等の位置，構造，および設備が技術上の基準に適合しているかを確認する定期的な点検のことをいう。

(2)　定期点検の実施が必要な製造所等で実施していない場合，警告を発せられることはあっても使用停止や許

可の取り消しなどの命令が発せられることはない。

(3)　危険物取扱者の立会いがあれば，危険物取扱者以外の者でも定期点検を行うことができる

(4)　定期点検は，原則として危険物取扱者又は危険物施設保安員が行わなければならない。

無資格者が定期点検を行えるのは危険物取扱者（危険物保安監督者も含む）の立会いがある場合のみです。

【41】 次のうち，定期点検を行うことができる者として正しいのはどれか。

(1)　製造所等に勤務する無資格者

(2)　危険物取扱者の資格はないが，消防設備士の資格がある者

(3)　危険物保安監督者の立会いがある無資格者

(4)　危険物施設保安員の立会いがある無資格者

定期点検を必ず実施する施設を思い出そう（P.77）。
⇩
・地下タンクを有する施設
・移動タンク貯蔵所

【42】 指定数量の倍数に関係なく，定期点検を必ず実施しなければならない製造所等は次のうちどれか。

(1)　屋内貯蔵所

(2)　地下タンクを有する製造所

(3)　屋外貯蔵所

(4)　地下タンクを有しない一般取扱所

第3章

法令の問題

【43】 次は，指定数量に関係なく定期点検を必ず実施しなければならない製造所等を並べたものである。このうち，誤っているのはいくつあるか。

「地下タンク貯蔵所，屋外タンク貯蔵所，地下タンクを有する給油取扱所，屋内タンク貯蔵所，移動タンク貯蔵所」

(1)　1つ　　　　(2)　2つ

(3)　3つ　　　　(4)　4つ

(解答 P151)

保安距離，保有空地

（本文→P78）

保安距離が必要な施設のゴロ合わせを思い出そう。
(P79)

【44】 学校や病院など多数の人を収容する施設から一定の距離（保安距離）を保つ必要がある製造所等はどれか。

(1)　給油取扱所　　　　　(2)　移動タンク貯蔵所

(3)　屋外タンク貯蔵所　　(4)　第2種販売取扱所

せいが高く……

保安距離の
ゴロ合わせ
を思い出そ
う（P79）。
　　⇩
トニーさんが……

【45】 製造所等の中には，特定の建築物との間に保安距離を確保する必要があるものがあるが，次のうち，その建築物と保安距離の組み合わせとして誤っているのはどれか。

(1)　一般住宅（同一敷地外）………20m 以上

(2)　高圧ガス施設………………………20m 以上

(3)　映画館，学校，病院……………30m 以上

(4)　重要文化財…………………………50m 以上

保有空地が
必要な施設
は
保安距離が必要な
施設
　＋
簡易タンク貯蔵所
　＋
移送取扱所です。

【46】 保安距離と保有空地を共に確保する必要がある危険物施設として，次のうち誤っているのはどれか。

(1)　屋外タンク貯蔵所

(2)　簡易タンク貯蔵所

(3)　屋外貯蔵所

(4)　一般取扱所

【47】 次のうち，保有空地を必要としない製造所等はどれか。

(1)　製造所

(2)　給油取扱所

(3)　屋内貯蔵所

(4)　屋外タンク貯蔵所

【48】 一定の製造所等には，その周囲に空地（保有空地）を保有する必要があるが，その保有空地を設ける目的として，次のうち正しいのはどれか。

(1)　危険物が流れ出ても，すぐに隣地に流れ込まないようにするため。

(2)　製造所等の風通しをよくするため。

(3)　器具や容器の保管場所に利用するため。

(4)　火災時の延焼を防止したり，消火活動を行いやすくするため。

保有空地に
は，いかな
る物品とい
えども置くことは
できません。

【49】 危険物施設のなかには，その周囲に空地（保有空地）を必要とするものがあるが，その保有空地は常にどういう状態に保つ必要があるか。

(1) 危険物が隣地に流れ込まないよう，防液堤を設けておく。

(2) 常に空地の状態に保つ必要がある。

(3) 中に危険物が入っていない空の容器の場合，保管場所として利用することは可能である。

(4) 危険物の保管場所として利用することはできないが，危険物でないもの，例えば自転車などは保管場所として利用することは差し支えない。

(解答 P152)

各製造所等の基準

（本文→P82）

(1)は本文の
記載にはあ
りませんが，
政令でこのように
定められています。

【50】 製造所等における位置，構造，および設備の基準について，次のうち誤っているのはどれか。

(1) 屋内貯蔵所において，容器に収納して貯蔵する危険物の温度は，55℃を超えないようにすること。

(2) 屋外タンク貯蔵所の防油堤の容量は，タンク容量の110％以上とすること。

(3) 給油取扱所において，灯油を貯蔵する倉庫の床は傾斜をつけず平坦にする必要がある。

(4) 指定数量の10倍以上の危険物を貯蔵する地下タンク貯蔵所には，避雷設備が必要である。

【51】 製造所等の位置・構造・設備等の基準について，次のうち誤っているのはどれか。

(1) 建築物の主要構造部は難燃材料で造ること。

(2) 窓，出入り口にガラスを用いる場合は網入りガラスとすること。

(3) 第1種販売取扱所は，指定数量の15倍以下の危険物を取り扱うことができる。

(4) 地階は設けないこと。

屋根および
主要構造部
は
⇒不燃材料で造る
こと
となっています。

【52】 移動タンク貯蔵所についての説明で，次のうち正しいのはどれか。

 …

第3章

法令の問題

タンク施設に共通の基準(P81)を思い出そう。

(1)　危険物取扱者が乗車していれば，車両に「危」の標識を掲げる必要はない。

(2)　タンクの外面は錆止め塗装をする必要がある。

(3)　第5種消火設備を1個以上設置する。

(4)　タンクの元弁は危険物の出し入れするとき以外は開放しておく。

【53】 給油取扱所における危険物の取扱いに関する基準で，次のうち正しいのはどれか。

(1)　原動機付自転車に給油する際，鋼製ドラム缶から手動ポンプを用いて給油した。

給油取扱所の地盤面は周囲より高くして表面に傾斜をつける必要があります。

(2)　漏れた危険物等が流出しないよう，給油取扱所の地盤面は周囲より低くする必要がある。

(3)　固定給油設備のホース機器の周囲には，間口10m以上，奥行6m以上の空地を保有すること。

(4)　作業場には，採光用の窓や照明設備を設ける必要があるが，換気設備を設ける必要はない。

貯蔵・取扱いの基準

(本文→P85)

(解答 P152)

【54】 製造所等における危険物の貯蔵，取扱いの基準で，次のうち正しいのはどれか。

(1)　危険物のくず，かす等は1週間に1回以上，その性質に応じ安全な場所，および方法で廃棄や適当な処置をすること。

(2)　類を異にする危険物は，原則として同一の貯蔵所に貯蔵しないこと。

「いかなる」や「絶対」とか「すべて」などという言葉が文章にあれば，まずは疑ってみよう。

(3)　製造所等では，いかなる場合も火気を使用してはならない。

(4)　危険物を保護液中に貯蔵する場合は，危険物の一部を必ず保護液から露出させておくこと。

【55】 製造所等における危険物の貯蔵，取扱いの基準として，次のうち誤っているのはどれか。

屋外タンク貯蔵所の基

(1)　屋外貯蔵タンクの周囲に防油堤がある場合は，防油堤の水抜口を常時開いておき，雨水などが滞水しない

準は出題されやすいので，よく目を通しておこう。

ようにすること。

(2)　施設には，みだりに係員以外の者を出入りさせないこと。

(3)　可燃性蒸気が滞留する恐れのある場所では，火花を発する工具などを使用しないこと

(4)　危険物が漏れ，あふれ又は飛散しないように注意すること。

一般常識で解ける問題です。

【56】製造所等における危険物の貯蔵，取扱いについて，次のうち誤っているのはどれか。

(1)　危険物を収納した容器を貯蔵，取り扱う場合は，みだりに転倒や落下などの衝撃を加えるような行為はしないこと。

(2)　常に整理，清掃を行い，みだりに空箱などの不必要なものを置かないこと。

(3)　危険物が残存している容器を溶接などにより修理する場合は，安全を確認した後で行う必要がある。

(4)　第4類の危険物は炎，火花，高温体との接近を避けること。

【57】危険物の廃棄について，次のうち誤っているのはどれか。

(1)　危険物の焼却は，安全な場所で，かつ他に危害を及ぼさない方法で行えば，見張人は置かなくてもよい。

(2)　危険物を海中や水中に流出させてはいけない。

(3)　危険物の廃棄は，その性質に応じて安全確実な方法で行う。

(4)　危険物の性質に応じ，安全な場所に埋没する。

【58】給油取扱所における取扱いに関する基準について，次のうち誤っているのはどれか。

(1)　自動車に給油する時は，給油空地からはみ出ない状態で給油する。

(2)　自動車等を洗浄する時は，引火点を有する液体洗剤

車に給油する時，エンジンをどうしていたかを思い出そう。

を使わない。

(3)　ガソリンを給油する時は自動車等のエンジンを停止させる必要があるが，軽油の場合，その必要はない。

(4)　自動車に給油する時は，固定給油設備を用いて直接給油する。

運搬

(本文→P88)

「容器に必要な表示」のゴロ合わせを思い出そう。
⇩
陽気なヒトなら…

（解答 P153）

【59】運搬容器の外部に表示する事項として，次のうち誤っているのはどれか。

(1)　危険物の品名と化学名

(2)　容器の材質

(3)　危険等級

(4)　危険物の数量

【60】危険物を運搬する場合の基準として，次のうち正しいのはどれか。

(1)　運搬の基準は，指定数量が10倍以上となる場合に適用される。

(2)　指定数量未満の少量の危険物であっても，運搬の基準は適用される。

(3)　指定数量未満の少量の危険物の場合，運搬の基準は適用されない。

(4)　危険物取扱者が同乗すれば，運搬の基準は適用されない。

(2)と(3)は反対のことを言っているので，どちらかが正解です。

【61】危険物の運搬に関する説明で，次のうち誤っているのはどれか。

(1)　運搬容器は，収納口を上方に向けて積載すること。

(2)　ドラム缶などの運搬容器は，密栓をすると内部が高圧になり危険なので，危険物を収納したあとに少し栓をゆるめておく方がよい。

(3)　休憩などのために車両を一時停止させる場合は，安全な場所を選び，危険物の保安に注意すること。

(4)　運搬容器の外部には，危険物の品名や化学名，および数量などの表示が必要である。

容器の収納口を横に向けて積載する "横積み" は禁止されています。

【62】 危険物の運搬の基準について，次のうち正しいのはどれか。

(1) 類の異なる危険物を同一車両で運搬することは禁止されている。

(2) 指定数量未満の危険物の運搬であっても，当該危険物に適応した消火設備を設けなければならない。

(3) 指定数量以上の危険物を運搬する場合は，所轄消防長等に届け出る必要がある。

(4) 指定数量以上の危険物を運搬する場合，車両の前後の見やすい位置に「危」の標識を掲げること。

「指定数量以上」と「指定数量未満」に関する基準についてもよく把握しておこう。
(P88の1の余白とP90の3の③)

【63】 灯油を運搬する場合，混載してはいけない危険物は次のうちどれか。ただし，指定数量の10分の1以上の危険物とする。

(1) 第1類の危険物

(2) 第2類の危険物

(3) 第3類の危険物

(4) 第5類の危険物

第4類危険物と混載できる危険物は第2類，第3類第5類の危険物です。

(解答 P154)

移送

(本文→P91)

【64】 移動タンク貯蔵所でガソリンを移送する場合，乗車する危険物取扱者についての説明で次のうち正しいのはどれか。

(1) 丙種危険物取扱者が乗車していればよい。

(2) 乙種第4類危険物取扱者が必ず乗車しなければならない。

(3) 甲種危険物取扱者が必ず乗車しなければならない。

(4) 運転手が丙種危険物取扱者でなければならない。

移送の基準を思い出そう(P.91)。
① 移送する危険物を取り扱うことができる危険物取扱者が乗車し，免状を携帯すること
② 移送開始前に移動貯蔵タンクの点検を十分に行うこと
など。

【65】 移動タンク貯蔵所による危険物の移送，取扱いについて，次のうち誤っているのはどれか。

(1) 移送中，消防吏員から免状の提示を命じられたらこれに従うこと。

(2) 運転手は危険物取扱者ではないが，助手が丙種危険物取扱者で免状は事務所に保管してある。

第3章

法令の問題

(3)　引火点が40℃未満の危険物を他のタンクに注入する時は，移動タンク貯蔵所の原動機を停止させること。

(4)　引火点が40℃以上の第4類危険物の場合，移動貯蔵タンクから容器に詰め替えることができる。

【66】移動タンク貯蔵所で丙種危険物取扱者が乗車している場合，移送できる危険物として，次のうち誤っているのはどれか。

丙種が取り扱える危険物を思い出そう（P72）
⇓
塀が重いよう……

(1)　ガソリンと灯油

(2)　第2石油類のすべて

(3)　第3石油類（ただし，重油，潤滑油と引火点が130℃以上のもの）

(4)　第4石油類のすべて

【67】移動タンク貯蔵所による危険物の移送について，次のうち誤っているのはどれか。

(1)　完成検査済証や定期点検記録などの書類は，紛失防止のため事務所に保管しておくこと。

(2)　移送する危険物を取り扱うことができる危険物取扱者が乗車すること。

(3)は移動タンク貯蔵所における基準（P82）です。

(3)　静電気による災害が発生するおそれのある危険物を取り扱う場合は，移動貯蔵タンクを接地する必要がある。

(4)　休憩などのために車両を一時停止させる場合は，安全な場所を選び，危険物の保安に注意すること。

(解答 P154)

消火設備

（本文→P92）

【68】消火設備について，次のうち誤っているのはどれか。

(1)　消火設備は，第1種から第5種まで区分されている。

(2)　屋内消火栓設備と屋外消火栓設備は，第1種消火設備である。

(3)　消火粉末を放射する小型消火器は，第5種消火設備である。

(4)　水バケツ，乾燥砂は，第4種消火設備である。

第3種消火設備
名称の最後が「消火設備」で終わる。

【69】 次のうち，第3種消火設備に該当しないものはどれか。
(1) 二酸化炭素消火設備
(2) 屋内消火栓設備
(3) 水噴霧消火設備
(4) 泡消火設備

第4種消火設備
名称の最後が「大型消火器」で終わる。

【70】 次のうち，第4種消火設備に該当するものはどれか。
(1) ハロゲン化物を放射する小型消火器
(2) 粉末消火設備
(3) スプリンクラー設備
(4) 棒状の強化液を放射する大型消火器

第5種消火設備
・名称の最後が「小型消火器」で終わる。
・その他，水バケツや乾燥砂など。

【71】 次のうち，第5種消火設備に該当するものはどれか。
(1) 霧状の水を放射する大型消火器
(2) 屋外消火栓設備
(3) 二酸化炭素を放射する小型消火器
(4) 消火粉末を放射する大型消火器

【72】 消火設備に関する次の記述のうち，誤っているのはどれか。
(1) 移動タンク貯蔵所には，第5種消火設備（自動車用消火器）を2個以上設置しなければならない。
(2) 地下タンク貯蔵所は地盤面下に設けられており，危険性が少ないので消火設備は不要である。
(3) スプリンクラー設備は，第2種の消火設備である。
(4) 第4種消火設備（大型消火器）は，防護対象物の各部分から歩行距離が30m以下となるように設ける。

(解答 P155)

 第5種消火設備の場合は歩行距離が20m以下です。

警報設備
(本文→P94)

【73】 次の文の（　）内に当てはまる数値として，正しいのは次のうちどれか。
「指定数量の（　）倍以上の製造所等には警報設備が必要である」
(1) 5　　(2) 10　　(3) 15　　(4) 20

第3章

法令の問題

— 115 —

警報設備の種類
字　書く　秘
自　拡　非

書　Ｋ
消防　警鐘

【74】警報設備の種類として，次のうち誤っているのはどれか。

(1)　ガス漏れ火災警報装置

(2)　拡声装置

(3)　非常ベル装置

(4)　消防機関に報知できる電話

【75】次のうち，指定数量が10倍以上であっても警報設備を設置する必要のない製造所等はどれか。

(1)　屋外タンク貯蔵所

(2)　地下タンク貯蔵所

(3)　移動タンク貯蔵所

(4)　一般取扱所

第4章

模擬テスト

模擬テスト

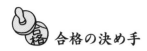 合格の決め手  ガンバルゾ！

1. 試験は４肢択一式の筆記試験で行われます。解答はマークシート方式で，解答カードの正解番号を鉛筆で塗りつぶしていきます。この解答方式にまず慣れましょう。

2. 各科目の出題数は，①危険物に関する法令，10問，②燃焼および消火に関する基礎知識，５問，③危険物の性質，並びにその火災予防および消火の方法，10問で，合計25問です。試験時間は１時間15分ですから，余裕を見ておおむね50分程度ですべての解答を終えるように練習をしてください。

   そして，終わってもすぐに退出するのではなく，名前などの書き間違えがないか，また，もう一度問題を見直す余裕があれば解答ミスがないか，などのチェックを行ってから退出して下さい。

3. どうしても分からない問題が出てきた時

   後回しにします（⇒ 難問に時間を割かない）。問題番号の横に「？」マークを付けておき，とりあえず何番かの答えにマークを付け，すべてを解答した後でもう一度解けばよいのです。この試験は全問正解する必要はなく，60％以上正解であればよいのです。したがって，確実に点数が取れる問題から先にゲットしていくことが合格への近道なのです。

4. 思い出す必要がある事項（たとえば［こうして覚えよう］のゴロなど）は，書いて差し支えのない部分にメモをした方が頭が混乱せずに済みます。

5. 試験の前に何回か本試験を想定して問題を解いておくのも合格への近道となります。

6. 最後に，本試験の場合は規定の時間（35分）が過ぎると途中退出が認められ，周囲が少々騒がしくなりますが，気にせずマイペースを貫いて下さい。

以上を頭に入れて，次の模擬テストを本試験だと思って解答して下さい。

解答カード（見本）

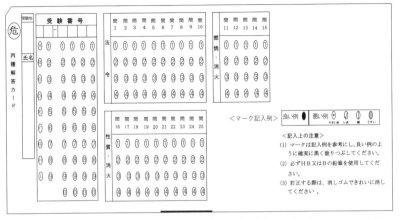

（約170%に拡大コピーをして解答の際に使用して下さい）

（注）　模擬テスト内で使用する略語は次の通りです。

法令……………消防法，危険物の規制に関する政令又は危険物の規制
　　　　　　　　に関する規則

法………………消防法

政　令…………危険物の規制に関する政令

規　則…………危険物の規制に関する規則

製造所等………製造所，貯蔵所又は取扱所

市町村長等……市町村長，都道府県知事又は総務大臣

免状……………危険物取扱者免状

所有者等………所有者，管理者又は占有者

　　　　　　　　（本試験でもこの注意書きは書かれてあります。）

〈危険物に関する法令〉…時間の目安ラインが付いています

【1】消防法で定める危険物について，次のうち正しいのはどれか。

(1) 消防法では「危険物とは，消防法別表第1の品名欄に掲げる物品で，常温（20℃）において引火のおそれのある物品をいう」と定義されている。

(2) 第2石油類は，1気圧において引火点が21℃以上70℃未満のものをいい，灯油と軽油がこれに該当する。

(3) 危険物は，指定数量が大きいほど危険性が高い。

(4) クレオソート油は第4石油類に該当する。

【2】次の危険物A，B，Cを同じ場所に貯蔵する場合，消防法の規制を受けない組み合わせどれか。ただし，カッコ内の数値を指定数量とする。

	A	B	C
	（100ℓ）	（500ℓ）	（1000ℓ）
(1)	100ℓ	100ℓ	100ℓ
(2)	50ℓ	100ℓ	500ℓ
(3)	10ℓ	250ℓ	500ℓ
(4)	50ℓ	150ℓ	100ℓ

【3】次のうち，屋外貯蔵所で貯蔵，または取扱いをすることができる第4類の危険物はどれか。

(1) 特殊引火物，および引火点が0℃未満の第1石油類を除いたもの。

(2) 0℃未満の第1石油類を除いたもの。

(3) 特殊引火物を除いたもの。

(4) 動植物油類を除いたもの。

【4】丙種危険物取扱者について，次のうち正しいのはどれか。

(1) 丙種危険物取扱者は，免状に指定された危険物に限り，危険物取扱いの立会いができる。

(2) 丙種危険物取扱者は，定期点検の立会いができる。

(3) 製造所等において6ヶ月以上の実務経験がある丙種危険物取扱者は，危険物保安監督者になれる。

(4) 丙種危険物取扱者の場合，危険物保安講習を受ける必要はない。

【5】次のうち，指定数量の倍数に関係なく定期点検を必ず実施しなければならない製造所等はどれか。

(1) 地下タンクを有する給油取扱所

(2) 屋内タンク貯蔵所

(3) 簡易タンク貯蔵所

(4) 販売取扱所

【6】製造所等における危険物の貯蔵，取扱いについて，次のうち正しいのはどれか。

(1) 屋外貯蔵タンクなどの計量口は，計量する時以外は閉鎖しておくこと。

(2) 廃油などは，いかなる場合も焼却してはならない。

(3) 製造所等では，許可された危険物と同じ類，同じ数量であれば品名については随時変更することができる。

(4) 危険物を埋没して廃棄してはならない。

【7】次の製造所等のうち，保安距離が必要でないものはどれか。

(1) 屋内貯蔵所　　　　　(2) 屋外貯蔵所

(3) 屋外タンク貯蔵所　　(4) 給油取扱所

【8】危険物を車両で運搬する場合の基準について，次のうち誤っているのはどれか。

(1) 運搬中に災害が発生する恐れがある場合は，応急措置を講ずるとともに，もよりの消防機関に通報する必要がある。

(2) 指定数量の10分の1以下を運搬する場合には，運搬の基準は適用されない。

(3) 危険物の運搬は，定められた運搬容器で行わなければならない。

(4) 液体の危険物は，十分な空間容積を残して容器に収納すること。

【9】次のうち，移動タンク貯蔵所でガソリンを移送できる場合として，正しいのはどれか。

(1) 免状は携帯していないが，甲種危険物取扱者が乗車している場合。

(2) 免状を携帯している乙種第6類危険物取扱者が乗車している場合。

(3) 運転手は危険物取扱者ではないが，助手が丙種危険物取扱者で免状を携帯している場合。

(4) 運転手が丙種危険物取扱者で，免状を事務所に保管しているがそのコピーを携帯している場合。

【10】 次のうち，第5種消火設備に該当しないものはどれか。

(1) 乾燥砂

(2) 屋外消火栓設備

(3) 二酸化炭素を放射する小型消火器

(4) 水バケツ

~30分目安ライン~

〈燃焼および消火に関する基礎知識〉

【11】 次の文の（A）（B）に当てはまる語句として，適当なものはどれか。

「ガソリンのような可燃性液体は，その液自身が燃えるのではなく，液体表面から発生した（A）が空気と混合して燃える燃焼で，これを（B）燃焼という」

	A	B
(1)	酸素	表面
(2)	可燃性蒸気	蒸発
(3)	熱分解ガス	分解
(4)	混合ガス	内部

【12】 ある可燃物Aの引火点が100℃，発火点が200℃だという。これについて，次の説明のうち正しいのはどれか。

(1) Aの可燃性蒸気は200℃にならないと発生しない。

(2) Aの液温が100℃になれば，熱源がなくても燃焼する。

(3) Aの液温が50℃の状態で炎を近づけると燃焼する。

(4) 300℃の鉄板の上にAを滴下すると燃焼する。

【13】 物質が燃えやすい条件として，次のうち誤っているのはどれか。

(1) 燃焼する時の発熱量（燃焼熱）が大きいものほど燃えやすい。

(2) 可燃物と酸素（空気）との接触面積が大きいものほど燃えやすい。

(3) 蒸気比重が小さいほど燃えやすい。

(4) 燃焼時に可燃性ガスを多く発生する物質ほど燃えやすい。

【14】 **静電気についての記述において，次のうち正しいのはどれか。**

(1) 静電気が蓄積すると温度が上昇する。

(2) ガソリンや灯油などを詰め替える際に発生した静電気は，鉄棒などを接触させて放電させる。

(3) 静電気が蓄積しても放電しない限り，引火の危険性はない。

(4) 金属製の容器とプラスチック製の容器とでは，金属製の容器の方が静電気が蓄積しやすい。

【15】 **次の水についての説明で，( )内に入るものとして適当なものはどれか。**

「水は（A）や気化熱（蒸発熱）が大きいので冷却効果も大きいが，（B）火災には使用できない。また，棒状の水は電気火災にも使用できない。」

	A	B
(1)	比熱	油
(2)	比重	一般
(3)	分子量	油
(4)	熱量	一般

～45分目安ライン～

〈危険物の性質，並びにその火災予防および消火の方法〉

【16】 **第4類危険物の一般的な性質として，次のうち正しいのはどれか。**

(1) 無色である。

(2) 引火点は低いものほど危険性が高いが，発火点は高いものほど危険性が高い。

(3) 純度の高い物品は無臭である。

(4) 引火点以下であっても，霧状にすると引火して燃焼する危険がある。

【17】 **次のA～Dに当てはまる語句の組み合わせで正しいのはどれか。**

「油類の取扱いに際しては，（A）を十分に行い，発生した蒸気は屋外の（B）に排出する必要がある。また，蒸気が滞留するおそれのある場所では，（C）を発生する機械器具などを使用せず，電気設備は（D）のあるものを使用する。」

	A	B	C	D
(1)	通風や換気	高所	火花	防爆性能
(2)	通風や換気	低所	熱	遮断機能

| (3) | 除湿 | 高所 | 火花 | 防爆性能 |
| (4) | 除湿 | 低所 | 熱 | 遮断機能 |

【18】 油火災に適応する消火剤として，次のうち正しいものはどれか。

(1)　棒状の水　　　　　　(2)　霧状の水

(3)　棒状の強化液　　　　(4)　霧状の強化液

【19】 自動車ガソリンについて，次のうち正しいのはどれか。

(1)　常温（20℃）でも炎や火花などを近づけると引火する。

(2)　引火点は約40℃である。

(3)　燃焼範囲は，6.0〜36％（容量）である。

(4)　配管やパイプ内を流れている場合，静電気は発生しない。

【20】 灯油と軽油に共通する性状として，次のうち誤っているのはどれか。

(1)　水より軽く，水に溶けない。

(2)　常温（20℃）で引火の危険性がある。

(3)　静電気が蓄積されやすい。

(4)　発火点以上に加熱されると，点火源がなくても火が着く。

【21】 灯油と軽油に共通する性状として，次のうち正しいのはどれか。

(1)　極めて揮発しやすい。

(2)　引火点は常温（20℃）より低い。

(3)　水に溶けない。

(4)　自然発火しやすい。

【22】 次の文の（　）内のA〜Cに当てはまる語句の組み合わせとして正しいのはどれか。

「重油の引火点は（A）と高く，加熱しない限り引火の危険性は小さいが，いったん燃え始めると（B）が高くなり，消火が大変困難となる。またその際発生するガスは，人体には（C）である」

	A	B	C
(1)	約200℃以上	室温	無害
(2)	約60〜150℃	燃焼温度	有害
(3)	約300℃以上	湿球温度	有害

(4)　　約60〜150℃　　　乾球温度　　　無害

【23】第4石油類について，次のうち誤っているのはどれか。
(1)　引火点は非常に高い（200℃以上）。
(2)　液比重が1以上のものもある。
(3)　揮発性が非常に高い液体である。
(4)　霧状のものは引火しやすい。

【24】動植物油類について，次のうち正しいのはどれか。
(1)　引火点はほぼ灯油と同じである。
(2)　非常に粘性のある液体で，常温（20℃）付近では固形状である。
(3)　発火した場合には，液温が低いので注水による消火が有効である。
(4)　繊維などに染み込んでいると，自然発火を起こす危険がある。

【25】次の組み合わせのうち，引火点が低いものから高いものへと順に並んでいるのはどれか。
(1)　ガソリン→灯油→重油→シリンダー油
(2)　軽油→ガソリン→アマニ油→重油
(3)　ガソリン→ギヤ－油→軽油→重油
(4)　灯油→ガソリン→重油→タービン油

第4章

模擬テスト

☆ お疲れ様でした。 ひとやすみ、ひとやすみ...

問題の解答

〈燃焼の問題〉の解答

【1】 解答 (1)

解説 燃焼とは「熱と光を発して酸素と化合する現象」のことをいいます。したがって，単に酸素と結びつく反応，たとえば，鉄が酸化してサビが生じるような反応は燃焼とはいいません。

【2】 解答 (2)

解説 燃焼の三要素は，可燃物，酸素供給源，点火源，であり，それぞれの組み合わせを見ると次のようになります。
(1) 水素は酸素供給源ではありません。
(2) 燃焼の三要素がすべてそろっています。
(3) 気化熱は点火源にはなりません。
(4) 窒素は酸素供給源ではありません。

【3】 解答 (4)

解説 二酸化炭素は酸素供給源ではありません。

【4】 解答 (3)

解説 一酸化炭素は二酸化炭素と同じく酸素供給源ではありません。
(2) 窒素は酸素供給源ではありませんが空気は酸素供給源です。

【5】 解答 (2)

解説 融解熱は気化熱（液体を蒸発させて気体に変化させるのに必要な熱。例；水⇒水蒸気）と同じく，点火源にはなりません。

【6】 解答 (1)

解説 酸素は**支燃性ガス**（物質の燃焼を助けるガス）であり，酸素そのものは可燃物ではなく，燃えません。
(2) 【2】の解説参照。熱と光は，燃焼の定義（熱と光を伴う酸化反応）の方で使われます。
(3) 二酸化炭素は酸素と反応しないので可燃物ではありません。

(4)　水素は酸素供給源ではありません。

【7】 解答 (2)

解説　一酸化炭素は酸素と結び付いて（酸化して＝燃焼して）二酸化炭素になります。しかし，二酸化炭素は酸素とは反応しないので燃えません。

【8】 解答 (2)

解説　空気中の酸素濃度が約15％以下になると燃焼は停止します。21％というのは，空気中に含まれる酸素の割合です。

【9】 解答 (4)

解説　液体の燃焼には**蒸発燃焼**，固体の燃焼には表面燃焼，分解燃焼，内部燃焼（自己燃焼），蒸発燃焼があります。
　　　なお，液体の燃焼は，その蒸気が燃えるのであり，液体そのものは燃えないので，ここをよく確認しておく必要があります。

【10】 解答 (2)

解説　表面燃焼とは，可燃物の**表面**だけが（熱分解も蒸発もせず）燃える燃焼のことをいいます。（分解ガスは関係ありません）

【11】 解答 (3)

解説　灯油やガソリンのような可燃性液体の燃焼は，液体表面から発生する可燃性蒸気（熱分解ガスではない！）が空気と混合して燃えるという蒸発燃焼です。

【12】 解答 (4)

解説　石炭は(2)の木材と同じく分解燃焼です。

【13】 解答 (2)

解説　Bのコークスは**表面燃焼**，Dの重油はガソリンや灯油と同じく**蒸発燃焼**です。

【14】 解答 (1)

解説　【9】参照

【15】 解答 (3)

解説 燃焼範囲を正確に表現すると，「空気中において，可燃性蒸気と空気の混合気体が燃焼することができる濃度範囲をいう」となります。

【16】 解答 (1)

解説 **下限値が低いほど，また燃焼範囲が広いほど危険性が大きくなります。**

(2) 可燃性蒸気が燃焼することができるのは，燃焼範囲の**下限値と上限値の間**だけです（もちろん，点火源は必要です）。したがって，上限値を超えた濃度（濃い濃度），および下限値未満の濃度（薄い濃度）では点火源があっても燃焼はしません。

(3) 燃焼範囲が広いほど危険性が大きくなります。
燃焼範囲が広い⇒燃焼可能な（濃度）範囲が広い⇒燃焼の可能性が大きくなる⇒燃焼の危険性が大きくなる

(4) **発火点**とは点火源がなくても自ら燃焼する時の，最低の温度のことをいいます。一方，**上限値**とは，燃焼範囲のうち，高い方の濃度限界のことをいいます。したがって，上限値の時の温度は発火点ではないので誤りです。

【17】 解答 (4)

解説 Ｃの空気について：燃焼の際の混合気体は，可燃性蒸気と**空気**との混合気体であり，**酸素**との混合気体ではないので注意が必要です。

【18】 解答 (3)

解説 (1) 上限値ではなく下限値です。

(2) 「……自ら発火する」までの説明は自然発火の説明です。

(4) 発火点の説明になっています。

【19】 解答 (3)

解説 引火点が高い，ということは，より高温にならなければ引火の危険性がない，ということであり，したがって，引火点が低い物質に比べて，危険性は**低く**なります。

(4) 引火点が0℃ということは，0℃の時点で引火するのに十分な可燃性蒸気が液面上に発生しているということであり，当然，20℃では可燃性蒸気がさらに多くあるので，点火源を近づけると引火します。

【20】 解答 (4)

解説 問題文は発火点の説明になっています。

【21】 解答 (4)

解説 可燃性蒸気の発生量は引火点の低い液体の方が多いので，Ａの方が多く発生します。
(1) 引火点が低い方が引火の危険性が高くなります。
(2) 引火点が低い方が低い温度でも可燃性蒸気を多く発生します。
(3) 引火点が０℃ということは，液温が０℃以上になると，液面上には引火するのに十分な可燃性蒸気が発生する，ということです。

【22】 解答 (1)

解説 常温（20℃）で引火したのだから「引火点が少なくとも常温以下」となります。

【23】 解答 (2)

【24】 解答 (2)

解説 (1) 問題文は逆で，「発火点は，その引火点より高い。」が正しい内容です。
(3) 発火点も低いほど危険です。
(4) 発火点に達すれば，点火源がなくとも発火します。

【25】 解答 (4)

解説 発火点とは，点火源がなくても燃え始める最低の温度のことをいいます。

【26】 解答 (2)

【27】 解答 (4)

解説 空気により**乾性油**が酸化し，その酸化熱が蓄積して発火点に至り，そして自然発火，となります。

第1章
燃焼および消火に関する基礎知識の解答

問題の解答

【28】　解答　(3)

解説　熱伝導率は小さいほど燃焼しやすくなります。

【29】　解答　(1)

解説　物質が粉状になると表面積が大きくなるからです。

(4)　噴霧状にすると液の表面積が大きくなり，酸素（空気）との接触面積が大きくなるからです。

【30】　解答　(4)

解説　(1)　蒸発しやすいものほど燃えやすくなります。

(3)　細かく砕いたものの方が表面積が大きくなり，酸素（空気）との接触面積が大きくなるので燃えやすくなります。

【31】　解答　(2)

解説　静電気が蓄積した，というだけでは火災の危険は生じません。何らかの原因により，蓄積した静電気が放電し，**電気火花**が発生することによって火災の危険が生じます。

(4)　正しい。したがって，取扱い場所を濡らしたりして湿度を**高く**しておくと，逆に静電気が発生しにくくなります。

【32】　解答　(3)

解説　(1)　静電気は，人体にも帯電します。

(2)　静電気は固体（絶縁体）にも帯電します。

(4)　問題文は逆で，流速を**遅く**すれば静電気が発生しにくくなります。

【33】　解答　(1)

解説　ポリエチレンやプラスチックなど，絶縁抵抗の大きい材料（絶縁体）を用いると発生しやすくなります。

(3)　空気をイオン化すると静電気が中和され，除去することができます。

【34】　解答　(4)

解説　(1)　鉄棒を接触させるときに火花が生じる恐れがあるので危険です。

(2)　いずれの場合も，流速は**遅い**方が静電気の発生を防止できます。

(3)　エンジンは停止させる必要があります。

〈消火の問題〉の解答

【35】 解答 (2)

解説 酸素の供給を断って消火するのは，窒息消火です。

【36】 解答 (4)

解説 泡消火剤は，主に油を泡で覆うことによる窒息効果で消火します。

【37】 解答 (3)

解説 (1) 燃焼の三要素のうち，一要素を取り除けば消火はできます。
(2) ローソクの芯から蒸発する可燃性蒸気を取り除いて消火するので，除去消火です。
(4) 除去効果ではなく窒息効果によるものです。

【38】 解答 (1)

解説 水の冷却によって消火をするので，冷却消火です。

【39】 解答 (1)

解説 (2) ガソリンを泡で覆うことによる窒息効果で消火をします。
(3) 水の冷却効果によって消火をします。
(4) 蓋をして酸素の供給を断つことによる窒息効果で消火をします。
なお，(2)の負触媒効果と(4)の抑制効果は同じです。

【40】 解答 (2)

解説 泡による消火は，主に泡で覆うことによる窒息効果です。

【41】 解答 (4)

解説 密閉された室内で二酸化炭素消火器を使用すると，窒息効果により酸欠状態となり危険です。
　　なお，一酸化炭素の消火剤というのはありません（一酸化炭素は可燃物なので，消火剤としては使用できないため）。

【42】 解答 (3)

解説 水は比熱や気化熱（蒸発熱）が大きいので，冷却効果も大きいのです

問題の解答

が，抑制効果（負触媒効果）はありません。

【43】 解答 (3)

解説 　一般に，灯油やガソリンなどの第4類危険物は，水より軽い（比重が水より小さい）ので水の表面に浮き，燃焼面が広がるため，水を使用することができません。（注：水より重い危険物もあります）。

【44】 解答 (2)

解説 　粉末の消火効果は，泡消火剤や二酸化炭素消火剤と同じく窒息効果です。

【45】 解答 (1)

解説 　水はたとえ霧状であっても，油火災には使用できません。ちなみに，スプリンクラー設備も，水を使用する以上，油火災には使用できないので，念のため。

【46】 解答 (4)

〈性質と貯蔵，取扱い，及び消火の方法〉の解答

【1】 解答 (4)

解説 第4類危険物の蒸気は空気より**重い**ので誤りです。

【2】 解答 (2)

解説 引火点が低いと，より低い温度でも引火するため危険性が高くなります。

(1) 第4類危険物の蒸気比重は空気より**大きい（重い）**ので，拡散とは逆に**低所**に滞留しやすくなります。

(3) 一般に電気の**不良**導体であるため，静電気が蓄積されやすくなります。

(4) 霧状にすると，火が着きやすくなります。

【3】 解答 (1)

解説 ガソリンの引火点は-40℃以下と，0℃以下となっています。

【4】 解答 (4)

解説 静電気が蓄積しても発熱はしないので，自然発火も起こりません。

【5】 解答 (3)

解説 (1) 濃すぎる場合も燃焼はしません。

(2) 液温が高くなるほど蒸発量が多くなります。

(4) 空気より**重い**ので，地面に沿って広がります。

【6】 解答 (4)

解説 霧状にすると空気との接触面積が大きくなるので，火は着きやすくなります。

【7】 解答 (1)

解説 容器に収納する時は，液体が膨張しても容器に無理な力がかからない

よう，若干のすき間（空間容積）を確保して密栓をします（⇒　一杯に満たさない）。

【8】 解答 (4)

解説 (1)　貯蔵場所の湿度は**高く**保ちます。

(2)　可燃性蒸気は**低所**に滞留しやすいので誤りです。

(3)　貯蔵および取扱いに際しては，できるだけ温度の低い場所でする必要がありますが，必ずしも「引火点以下」にする必要はありません。

【9】 解答 (2)

解説 (1)　空になっても可燃性蒸気が残っている可能性があるので，すぐに灯油を注入すると静電気が発生して引火する危険があります（【13】参照）。

(3)　静電気の発生を抑えるため，流速は出来るだけ「遅く」します。

(4)　一般に油類は水より軽いので，水を加えても浮くだけで希釈（うすめること）はしません（したがって，燃焼している油類に注水すると，燃焼面が広がり大変危険です）。

【10】 解答 (3)

【11】 解答 (1)

解説　第4類危険物の蒸気は空気より重く**低所**に滞留（たいりゅう）しやすいので，通風や換気に注意して**拡散**させる必要があります。

【12】 解答 (3)

解説　燃焼範囲（爆発範囲）は「広い」ほど危険性が大きくなります。

(1)，(2)　引火点はガソリンが**−40℃以下**，灯油が**40℃以上**。発火点はガソリンが約**300℃**，灯油が約**220℃**となっているので，引火点はガソリンの方が低く，発火点では灯油の方が低くなっています。

【13】 解答 (3)

解説　「熱」ではなく，灯油により発生した「静電気火花」により引火し…………が正解です。

【14】 解答 （4）

解説 問の文は逆で，ナイロンなど合成繊維の衣類の着用を避け，木綿の衣類などを着用します。

【15】 解答 （4）

解説 （1） 灯油ではなく，ガソリンと同様の危険性を持つもの（容器）として取り扱う必要があります。

（2） ガソリンが混ざると炎は**大きく**なります。

（3） 給油する際は，必ずエンジンを**停止**させる必要があります（エンジンの火花が点火源になる恐れがあるため）。

【16】 解答 （2）

【17】 解答 （4）

解説 スプリンクラー設備というのは，水を散水させて火災を初期の段階で消火することを目的とした消火設備のことをいい，消火剤とは別のものです。また，水は油類の火災には使用できません。

【18】 解答 （2）

解説 たとえば，泡消火器の場合，泡が油類の液面を覆って空気（酸素）の供給を遮断して消火します。

（1） （一般的に）油類は水より軽く，注水すると水面に浮かんで，かえって火面が広がるので，水は油火災には使用できません。

（3） 燃えている油を除去する（取り除く）というのは大変困難なので，誤りです。

（4） 酸化剤を投入すると逆に激しく燃焼します。

【19】 解答 （2）

解説 油類の火災に水（棒状，霧状とも）は使用できません。

（3） 二酸化炭素消火剤を室内で用いると窒息の危険があるので，注意が必要です。

【20】 解答 （4）

解説 棒状の水と棒状の強化液は普通火災のみにしか使用できません。した

がって，(1)と(2)は油火災なので誤りです。一方，霧状の水は油火災のみに使用できないので，(3)は誤りです。また，霧状の強化液は粉末消火剤と同じく，すべての火災に使用できるので，(4)が正解となります。

〈各危険物の性質の問題〉の解答

【21】 解答 (3)

解説 ギヤー油は第4石油類に属し，引火点は200℃以上です。

	ガソリン	灯油	軽油	重油	第4石油類	動植物油類
引火点（℃）	−40℃以下	40℃以上	45℃以上	60℃〜150℃	200℃以上	250℃未満

【22】 解答 (4)

解説 ガソリン以外の危険物の引火点は常温以上です（上の表参照）。

【23】 解答 (2)

解説 上の表参照（シリンダー油は第4石油類です）。

【24】 解答 (4)

解説 上の表参照。

【25】 解答 (2)

解説 丙種危険物取扱者が取り扱うことができる危険物の比重は1より**小さ**いので，したがって水より**軽い**，ということになります（ただし，重油の比重は0.9〜1なので，水と同じ重さのものもあります）。

【26】 解答 (3)

解説 油類の**蒸気**は，すべて空気より**重い**（蒸気比重が1より**大きい**）ので地面に沿って広がります。

(4) ガソリンは非常に揮発性が高いですが，蒸気は他の油類と同じく空気より**重く**，**低所**に滞留，または地面に沿って広がります。

【27】 解答 (4)

解説 丙種危険物取扱者が取り扱うことができる危険物は，一般に水には溶

けません。

【28】 解答 (4)

解説 重油は**褐色**または**暗褐色**です。

【29】 解答 (1)

解説 ガソリンの沸点の範囲は，40～220℃と水より低いもの（100℃以下）もあります。他の危険物（灯油，軽油，重油など）の沸点はいずれも100℃以上です。

【30】 解答 (4)

解説 ガソリンの引火点は**−40℃以下**と，他の危険物に比べて非常に低く，引火の危険性が大きくなっています。

(1) 油類の蒸気は空気より**重い**ので，できるだけ**高所に排出**します（地上に降りる間に薄められるので）。

(2) 電気の**不良導体**であるので静電気が発生し**やすい**。

(3) 液比重は1より**小さい**（＝水より**軽い**）ので誤りです。

【31】 解答 (2)

解説 ガソリンの発火点は約**300℃**で，他の油類同様，常温で発火する危険性はありません。

(3) 可燃性蒸気の濃度はvol%のほか，**容量%**または**体積%**と表示する場合もあるので注意して下さい。

【32】 解答 (3)

解説 (1) 自動車ガソリンは**オレンジ色**に着色されています。

(2) 低所に滞留した蒸気は，風に流されて風下へ運ばれます。その風下に火気があると危険であるので，よって火気より風上でガソリンを取り扱う方が危険，ということになります。

(4) 引火点は**−40℃以下**なので，誤りです。

【33】 解答 (4)

解説 低所に限らず周囲にある火気に注意する必要があります。

【34】 解答 (1)

解説 自動車ガソリンはオレンジ色に着色されています。

【35】 解答 (2)

【36】 解答 (1)

解説 ガソリンの方が引火点がずっと低いので（－40℃），その分，灯油（軽油）より危険性が大きくなります。

【37】 解答 (4)

解説 灯油に限らず，第4類危険物の**蒸気は空気より重い**ので誤りです。

【38】 解答 (4)

解説 電気の不良導体なので静電気は発生し**やすい**。

【39】 解答 (1)

解説 (2) 水より**軽く**，また水には**溶けません**。
(3) 液温が引火点**以上**でないと，ライターなどの点火源を近づけても燃えません。
(4) **無色**または**淡紫黄色**の液体で，無臭ではなく**特有の臭気**があります。

【40】 解答 (2)

解説 流動させると静電気が発生しやすくなります。

【41】 解答 (3)

解説 (1) たとえ引火点以下であっても，霧状にしたり布に染み込ませると，引火しやすく（火が着きやすく）なります。
(2) 液温が引火点以上になると引火しやすくなります（灯油はガソリンに比べて揮発性が小さい，というのは正しい）
(4) 他の油類同様，**蒸気は空気より重い**ので誤りです。

【42】 解答 (2)

解説 引火点はガソリンが**－40℃以下**，軽油が**45℃以上**と，軽油の方が高くなっています。

【43】 解答 (2)

解説 逆に，軽油に水（温水）が混ざると，引火（着火）しにくくなります。

(1) 丙種が取り扱える危険物の沸点は，ほとんど水より高く，100℃以上となっています（一部のガソリンは除く）。

(3) 第4類危険物の**蒸気は空気より重い**ので誤りです。

(4) 布に染み込んだものは火がつきやすくはなりますが，自然発火はしません。自然発火しやすいのは動植物油類の**乾性油**です。

【44】 解答 (4)

解説 軽油の燃焼範囲は灯油とほとんど同じです。

【45】 解答 (3)

解説 容器の栓は，「軽く」ではなく密栓をし，「日の当たる場所」ではなく冷暗所に貯蔵します。

【46】 解答 (1)

解説 引火点は灯油が40℃以上，軽油が45℃以上なので，常温（20℃）では引火の危険はありません。ただし，(4)のように霧状にすると，常温でも引火の危険があります。

【47】 解答 (3)

解説 重油の引火点は約60℃～150℃なので，常温より高くなっています。

【48】 解答 (2)

解説 重油は，冷水にも温水（熱湯）にも溶けません。

【49】 解答 (4)

解説 (1) 引火点は，灯油が40℃以上，軽油が45℃以上，重油が60℃以上なので，灯油や軽油より高い，が正しい。

(2) 重油の方が揮発性が低い（沸点が高いので）ので誤りです。

(3) 〈共通する危険性〉より，液温が引火点以上になるとガソリンと同じくらい引火しやすくなり，非常に危険なので誤りです。

【50】 解答 (1)

解説 重油は引火点が高いので引火の危険性は低いのですが，いったん燃え始めると燃焼温度が高いので，消火が大変困難となります。

(2) 重油は褐色<ruby>褐<rt>かっしょく</rt></ruby>（または**暗褐色**）の液体で特有の**石油臭**があります。

(3) 引火点（60℃〜）以下の常温（20℃）程度でも，布に染み込んだものや霧状のものは火が着きやすくなります。

(4) **蒸気は空気より重い**（別の言い方をすると，「蒸気比重は1より大きい」）ので誤りです。

【51】 解答 (2)

解説 一般に重油は水より軽く，液比重は1以下なので水に浮きます。

【52】 解答 (1)

解説 一般に第4石油類は水には溶けません（混ざらない）。

【53】 解答 (4)

解説 (1) 加熱して液温が引火点以上になると，ガソリンと同じくらい引火しやすくなるので危険です。

(2) 常温では固形状ではなく**液状**です。

(3) 引火点が高いので，一般に，常温付近では引火しません。

【54】 解答 (1)

解説 第4石油類は揮発しにくい（蒸発しにくい）液体です。

【55】 解答 (4)

解説 潤滑油などの第4石油類は水には溶けません（混ざらない）。

【56】 解答 (3)

解説 自然発火する危険性があります。

【57】 解答 (2)

解説 重油や第4石油類などと同様，燃焼した場合は液温が高くなるので，消火が大変困難となります。また，水を入れると水が沸騰して危険であるため，注水消火は不適当です。

【58】 解答 (2)

解説 水分ではなく，**酸素**です。

【59】 解答 (3)

解説 一般に油類は水に**溶けない**ものが多く（これを非水溶性という），ガ
ソリン，灯油とも水には溶けません。
　　なお，問題文にある灯油ですが，軽油であっても結果は同じです。

(2) 発火点はガソリンが300℃，灯油と軽油が220℃なので灯油の方が低く，
正しい。

【60】 解答 (1)

解説 油類の**蒸気は空気より重い**ので誤りです。

【61】 解答 (3)

解説 (1) 丙種危険物取扱者が取り扱うことのできる危険物のうち，常温で
引火の危険性があるのはガソリンのみです。

(2) 粘性のあるのは重油の方だけです。

(4) 重油は揮発性の低い液体です。

【62】 解答 (4)

解説 (1) 水の沸点（100℃）より**高く**なっています。

(2) オレンジ色に着色されているのは，自動車用の**ガソリン**の方です。軽油
は主にディーゼルエンジンの燃料として用いられているもので，**淡黄色**ま
たは**淡褐色**の液体です。

(3) 重油と第4石油類と同じく動植物油類も燃焼温度は**高く**，消火が大変困
難です。

【63】 解答 (2)

解説 重油，第4石油類とも揮発性の**低い**液体です。

第2章

危険物の性質並びにその火災
予防および消火の方法の解答

〈法令の問題〉の解答

【1】 解答 (2)

解説　気体の危険物はありません。

【2】 解答 (4)

解説　硫黄は第２類，ギヤー油は第４類の第４石油類，過酸化水素と硝酸は第６類の危険物です（消防法別表第１より）。したがって，(4)の４つが正解です（水素とプロパンは**気体**なので危険物ではありません）。

【3】 解答 (3)

解説　(1)　灯油，軽油とも**第２石油類**です。

(2)　動植物油類と第４石油類は，それぞれ別個の品名の危険物です（P64の表１参照）。

(4)　アマニ油はヤシ油などと同じく，**動植物油類**の危険物です。

【4】 解答 (1)

解説　(2)　危険物は**第１類**から**第６類**まで分類されています。

(3)　第３石油類の引火点は，70℃以上200℃未満です。

(4)　アセチレンガスは**気体**なので危険物ではありません。

【5】 解答 (2)

【6】 解答 (3)

解説　軽油は灯油と同じく**第２石油類**に該当し，その指定数量も同じく1000ℓ です。

【7】 解答 (3)

解説　指定数量は，ガソリンが200ℓ，灯油が1000ℓ，重油が2000ℓ なので，それぞれの倍数を求め，それを合計すればよいので，式は次のようになります。

$$\frac{ガソリンの貯蔵量}{ガソリンの指定数量}+\frac{灯油の貯蔵量}{灯油の指定数量}+\frac{重油の貯蔵量}{重油の指定数量}$$

$$=\frac{1000}{200}+\frac{3000}{1000}+\frac{10,000}{2000}$$

$$=5+3+5=13$$

【8】 解答 (4)

解説 灯油と軽油は第2石油類の非水溶性，というのは正しいですが，指定数量は1000ℓです（200ℓはガソリンの指定数量です）。

【9】 解答 (3)

解説 指定数量は，ガソリンが200ℓ，灯油が1000ℓ，重油が2000ℓなので，各貯蔵量をそれぞれの指定数量で割り，その合計を次の式より求めると，

$$\frac{ガソリンの貯蔵量}{ガソリンの指定数量}+\frac{灯油の貯蔵量}{灯油の指定数量}+\frac{重油の貯蔵量}{重油の指定数量}$$

(1) $\frac{100ℓ}{200ℓ}+\frac{1000ℓ}{1000ℓ}+\frac{3000ℓ}{2000ℓ}=0.5+1+1.5=3$

同様に求めると（分子に各数量を代入する），

(2) $\frac{100ℓ}{200ℓ}+\frac{500ℓ}{1000ℓ}+\frac{2000ℓ}{2000ℓ}=0.5+0.5+1=2$

(3) $\frac{200ℓ}{200ℓ}+\frac{2000ℓ}{1000ℓ}+\frac{1000ℓ}{2000ℓ}=1+2+0.5=3.5$

(4) $\frac{400ℓ}{200ℓ}+\frac{500ℓ}{1000ℓ}+\frac{1000ℓ}{2000ℓ}=2+0.5+0.5=3$

したがって，指定数量の倍数が最も大きくなるのは，(3)の3.5となります。

【10】 解答 (4)

解説 200ℓドラム缶で5本ということは1000ℓになります。重油の指定数量は2000ℓなので，1000ℓだと0.5倍になり，あと0.5倍のものを貯蔵すると1.0倍となって指定数量以上貯蔵しているとみなされます。したがって，「0.5倍以上のもの」を探せばよいことになります。

(1) ギヤー油は第4石油類に該当し，その指定数量は6000ℓなので，600ℓは0.1倍となり，不適当となります。

(2) 動植物油類の指定数量は10,000ℓなので，4000ℓだと0.4倍になり，不

第3章

法令の解答

適当です。

(3) 灯油の指定数量は1000ℓなので，400ℓだと0.4倍になり，やはり不適当です。

(4) ガソリンの指定数量は200ℓなので，100ℓだと0.5倍になり，重油の0.5倍を足すと1倍となるので，よって，これが正解となります。

【11】 解答 (1)

解説 指定数量以上の危険物は**消防法**，指定数量未満の危険物は**市町村条例**の規制を受けます。

【12】 解答 (3)

【13】 解答 (4)

解説 (1) 仮貯蔵，仮取扱いが認められるのは，**10日以内**です。

(2) 指定数量未満は**市町村条例**の規制を受けます。

(3) 市町村長の許可ではなく，**消防長または消防署長**の**承認**が必要です。

【14】 解答 (3)

解説 B 「変更工事に係る部分」ではなく「変更工事に係る部分**以外の部分**」です。

C 許可ではなく**承認**です。

【15】 解答 (2)

解説 (1) 仮使用は，変更に係る部分，ではなく，**係らない部分**について仮に使用するための手続きです。

(3) 仮使用は，設置に際しての手続きではなく，**変更工事**をする場合に工事以外の部分を仮に使用するための手続きです。

(4) 事務所の一部は変更に**係る部分**となるので(事務所の全面改装なので)，仮使用の承認申請はできません。

【16】 解答 (4)

解説 第1種販売取扱所は指定数量の**15倍**以下です（第2種は指定数量の15倍を超え40倍以下です）。

【17】 解答 (2)

解説 屋外貯蔵所で貯蔵できるのは,

① 第2類の危険物の一部（硫黄または引火性固体など）

② 第4類の危険物のうち，特殊引火物，および引火点が0℃未満の第1 石油類を除いたもの

⇒したがって，ガソリンは引火点が0℃未満（−40℃）の第1石油類なので貯蔵できません。

【18】 解答 (3)

解説 「移動可能」な給油施設ではなく「固定した」給油施設です。

【19】 解答 (3)

解説 【20】の余白のヒント参照。

【20】 解答 (1)

解説 工事が完成するまで，ではなく，工事の**開始前**に許可を受ける必要があります。

【21】 解答 (3)

解説 問題では工事開始と工事完了が省略されていますが，省略せずに並べると，次のようになります。

設置許可申請→設置許可→工事開始→工事完了→完成検査申請→完成検査

【22】 解答 (1)

解説 (2) 設置だけではなく，変更する場合にも受ける必要があります。

(3) 完成検査を受けたあと，完成検査済証の交付を受けた後でなければ使用を開始することはできません。

(4) 設置の許可と完成検査は同じところが行います。したがって，完成検査も市町村長が行います。

【23】 解答 (3)

解説 (1)の「危険物の指定数量の倍数を変更した場合」と同様，品名を変更しようとする日の**10日前**までに届け出ます。

(2) 解任だけではなく，選任したとき（定めたとき）も同じく遅滞なく届け

第3章

法令の解答

出ます。

【24】 解答 (3)

解説 逆に，位置，構造，設備の変更は，市町村長等の許可が必要です。

【25】 解答 (2)

解説 (1)と(3)は，**遅滞なく**市町村長等に届け出ます。(4)は変更しようとする日の**10日前**までに，市町村長等に届け出ます。

【26】 解答 (3)

解説 製造所等の設置は，(1)の構造や設備等の変更と同じく**許可**が必要となります（申請先はすべて正しい）。

【27】 解答 (4)

解説 丙種危険物取扱者には立会い権限がありません。

(3) 丙種が取り扱える危険物は必ず暗記しておこう！

> **類題**
> 丙種危険物取扱者は第4類危険物のみ取り扱うことができる。
> ○か×か？ （答は【28】の最後にあります）

【28】 解答 (4)

解説 (1) 選任されなくても，都道府県知事から交付を受ければ危険物取扱者です。

(2) 乙種でも**第4類**であれば丙種が取り扱える危険物はすべて取り扱うことができますが，他の類なら取り扱うことができません。

(3) 危険物取扱者の立会いがあれば，危険物取扱者以外の者であっても危険物を取り扱うことはできます。

【27】類題の答………× （第4類のすべてを取り扱うことは
できません。【27】のヒント参照）

【29】 解答 (1)

解説 甲種が立ち会えば，すべての類の危険物を取り扱うことができます。

(2) 第4類以外ではなく，第4類の危険物を取り扱うことができます。

(3) 丙種危険物取扱者に立会い権限はありません。

(4) 製造所等の所有者にそのような権限はありません。

【30】 解答 (2)

解説 免状は全国で有効です。したがって，新たに免状の交付を受ける必要
はありません。

(1) 免状の返納を命じられると，再び試験に合格しても，（返納してから）
1年が経過しないと免状の交付を受けることができません。

【31】 解答 (2)

解説 更新する必要はありません。ただし，免状取得者が取扱作業に従事す
る場合は，保安講習を原則として3年以内ごとに受講する必要があります。

【32】 解答 (3)

【33】 解答 (4)

【34】 解答 (3)

解説 【33】参照

(1) 書換え申請は市町村長等ではなく，免状を交付したか，または居住地か
勤務地の都道府県知事に対して申請をします。

(2) 20年ではなく10年です。

(4) 問題文は逆で，移動タンク貯蔵所で危険物を移送している場合のみ，免
状の携帯義務があります（給油取扱所など他の製造所等では携帯は不要で
す）。

【35】 解答 (2)

解説 全国どこの都道府県で受講しても有効です。

【36】 解答 (4)

解説 (1) そのような講習はありません。

(2) 危険物の取扱作業に従事している者でも，危険物取扱者の資格のない者
は受講義務がありません。

(3) 丙種にも受講義務はあります。

【37】 解答 (2)

解説 (1) 危険物取扱者試験に合格した，というだけでは受講義務は生じません。

(3) 受講義務のある甲種，乙種，および丙種危険物取扱者は，前回講習を受けた日以後における最初の4月1日から**3年以内に**受講する必要があります。

(4) 移動タンク貯蔵所に乗車する危険物取扱者にも受講義務があります。

【38】 解答 (3)

解説 受講義務のある者は，「①危険物取扱者の資格のある者」が「②危険物の取扱作業に従事している」場合です。危険物保安監督者は「甲種，または乙種危険物取扱者の資格のある者」で「6ヶ月以上の実務経験のある者」の中から選任するので受講義務があります。

(1) 上の条件の②が無くなったので，受講義務はありません。

(2) 危険物保安統括管理者というだけでは受講義務はありません。

(4) 設問の場合，②の条件しか満たしていないので，受講義務はありません。

【39】 解答 (4)

解説 危険物取扱者であれば，甲種や乙種，および丙種などに関係なく定期点検を行うことができます。

【40】 解答 (2)

解説 定期点検の実施が必要な製造所等で実施していない場合は，警告ではなく**使用停止**や**許可の取り消し**などの命令が発せられることがあります。

【41】 解答 (3)

解説 (1) 製造所等に勤務していても危険物取扱者の立会いがないと無資格者は点検ができません。

(2) 危険物取扱者の資格がなければ，原則として定期点検を行うことはできません。

(4) 危険物施設保安員に立会い権限はありません。

【42】 解答 (2)

解説 移動タンク貯蔵所と地下タンクを有する施設です。

【43】 解答 (2)

解説 指定数量に関係なく定期点検を実施しなければならない製造所等は，移動タンク貯蔵所と地下タンクを有する施設です。

したがって，屋外タンク貯蔵所，屋内タンク貯蔵所は，このうちに含まれませんので，よって，誤りは 2 つとなります。

【44】 解答 (3)

解説 保安距離が必要な施設は⇒ **製造所，一般取扱所，屋内貯蔵所，屋外貯蔵所，屋外タンク貯蔵所**の 5 つです。

【45】 解答 (1)

解説 保安距離は次の通りです。

対象物	保安距離
特別高圧架空電線	3 m または 5 m 以上
一般住宅（同一敷地外）	10m 以上
高圧ガス施設	20m 以上
学校や病院など	30m 以上
重要文化財	50m 以上

したがって，1 の一般住宅は**10m 以上**が正解です。

★ なお，学校は保安距離をとる必要がありますが，ただし，大学や短期大学はとる必要がないので注意！

【46】 解答 (2)

解説 保有空地が必要な施設
= 保安距離が必要な施設（**【44】**の解説参照）+ 簡易タンク貯蔵所 + 移送取扱所
つまり，簡易タンク貯蔵所は，保有空地は必要ですが，保安距離は不要なので誤りです。

【47】 解答 (2)

解説 **【44】** と **【46】** の解説より，給油取扱所は保安距離，保有空地とも不要です。

【48】 解答 (4)

【49】 解答 (2)

解説　保有空地を設ける目的が，火災時の延焼防止や，消火活動を行いやすくするためである以上，保有空地は常に空地の状態に保つ必要があります。

【50】 解答 (3)

解説　製造所等に共通の基準として液状の危険物を貯蔵する場合，その倉庫の床は　①危険物が浸透しない構造とすること。②適当な傾斜をつけ，貯留設備（「ためます」など）を設けること。となっています。

【51】 解答 (1)

解説　建築物の主要構造部（壁，柱，床，はり等）は難燃ではなく**不燃**材料で造ること，となっています。

(3)　第2種販売取扱所の方は，指定数量の**15倍を超え40倍以下**となっています。

【52】 解答 (2)

解説　移動貯蔵タンクだけではなく，その他のタンク施設にも共通の基準です。

(1)　危険物を移送する場合は，危険物取扱者が乗車する必要がありますが，乗車していても「危」の標識は掲げる必要があります（車両の前後の見やすい箇所に）。

(3)　1個ではなく**2個以上**です。

(4)　開放ではなく**閉鎖**しておきます。

【53】 解答 (3)

解説　この空地を**給油空地**といいます。

(1)　ドラム缶などではなく**固定給油設備**を用いて給油する必要があります。

(2)　地盤面は周囲より**高く**する必要があります。

(4)　建築物には採光，照明，換気の設備を設けること，となっています。なお，窓を設ける場合は，**網入りガラス**とする必要があります（P80の表3－1参照）。

【54】 解答 (2)

解説 (1) 1週間に1回以上ではなく，**1日に1回以上**です。

(3) みだりに火気を使用しないこと，となっています（絶対に禁止ではない）。

(4) 保護液から露出しないようにします。

【55】 解答 (1)

解説 防油堤の水抜口は，常時は閉めておき，防油堤に水がたまった場合に開けて水を排水します。

【56】 解答 (3)

解説 安全な場所で危険物を完全に除去してから修理する必要があります（危険物が残っている状態で修理をしない）。

【57】 解答 (1)

解説 安全な場所であっても見張人は必要です。

【58】 解答 (3)

解説 軽油であってもエンジン（原動機）は停止させる必要があります。

なお，移動タンク貯蔵所（タンクローリー）から地下タンクへガソリンなどを注入する場合も移動タンク貯蔵所のエンジンを停止させる必要があります。

【59】 解答 (2)

解説 容器の材質の他，「容器の製造会社名」なども表示する必要のない事項です。

なお，表示が必要な事項は問題に挙げた事項以外に，「収納する危険物に応じた注意事項」や「水溶性（第4類危険物のうち，水溶性の危険物のみ）」などがあります。

【60】 解答 (2)

解説 (1) 運搬の基準は，**指定数量に関係なく**適用されます（運搬する量の多少にかかわらず規制を受ける）。

(4) このような規定はありません。なお，危険物取扱者の同乗が必要なのは，**移送**の場合です。

第3章

法令の解答

【61】 解答 (2)

解説 運搬容器は，栓をゆるめず密栓をする必要があります。

【62】 解答 (4)

解説 (1) 混載はすべて禁止というわけではありません。

(2) 消火設備を設ける必要があるのは，指定数量以上の危険物を運搬する場合です。

(3) このような規定はありません。

【63】 解答 (1)

解説 灯油は第4類の危険物であり，第4類の危険物と混載できないのは第1類と第6類の危険物です。

【64】 解答 (1)

解説 積載する危険物（ガソリン）を取り扱うことができる危険物取扱者が乗車する必要があります。したがって，丙種，乙種第4類，甲種の危険物取扱者のいずれかが乗車していればよく，必ずしも運転をする必要はありません。

【65】 解答 (2)

解説 免状は事務所に保管するのではなく，携帯する必要があります。

(4) 引火点が40℃未満の場合は，詰め替えができません。

【66】 解答 (2)

解説 第2石油類で移送ができるのは灯油と軽油のみなので，「すべて」が誤りです。なお，第1石油類では，ガソリンのみが移送できます。

【67】 解答 (1)

解説 移動タンク貯蔵所には，常時，完成検査済証や定期点検記録などの法定の書類を備え付けておく必要があるので誤りです。

(4) なお，一時停止させる場合に市町村長等や警察等の許可などは不要です。

【68】 解答 (4)

解説 水バケツ，乾燥砂，および水槽は第5種消火設備(小型消火器)です。

【69】　解答　(2)

解説　屋内消火栓設備は**第1種消火設備**です。

【70】　解答　(4)

解説　大型消火器は**第4種消火設備**です。

(1)は第5種，(2)は第3種，(3)は第2種の消火設備です。

【71】　解答　(3)

解説　小型消火器は**第5種消火設備**です。

(1)は第4種，(2)は第1種，(4)は第4種の消火設備です。

【72】　解答　(2)

解説　地下タンク貯蔵所には，**第5種消火設備を2個以上**設置する必要があります。

【73】　解答　(2)

【74】　解答　(1)

解説　ガス漏れ火災警報装置ではなく**自動火災報知設備**です。

【75】　解答　(3)

解説　指定数量が10倍以上の製造所等には警報設備が必要ですが，移動タンク貯蔵所には，その必要はありません。

第3章

法令の解答

模擬テスト・解答

【1】 解答 (2)

解説 (1) 後半の「常温（20℃）において引火のおそれのある物品をいう」が誤りで，正しくは「同表に定める区分に応じ同表の性質欄に掲げる性状を有するもの」となっています。

(3) 指定数量が小さいほど危険性が**高く**なります。

(4) クレオソート油は，重油と同じく第3石油類に属しています。

【2】 解答 (4)

解説 (1)〜(4)の各数量をそれぞれの指定数量（カッコ内の数値）で割ると，

  A B C

(1) $\dfrac{100}{100}+\dfrac{100}{500}+\dfrac{100}{1000}=1\ +0.2+0.1=1.3$

(2) $\dfrac{50}{100}+\dfrac{100}{500}+\dfrac{500}{1000}=0.5+0.2+0.5=1.2$

(3) $\dfrac{10}{100}+\dfrac{250}{500}+\dfrac{500}{1000}=0.1+0.5+0.5=1.1$

(4) $\dfrac{50}{100}+\dfrac{150}{500}+\dfrac{100}{1000}=0.5+0.3+0.1=0.9$

消防法の規制を受けないのは指定数量が1未満の場合なので，(4)が正解となります。

【3】 解答 (1)

解説 屋外貯蔵所で貯蔵できるのは，

① 第2類の危険物の一部（硫黄または引火性固体など）

② 第4類の危険物のうち，特殊引火物，および引火点が0℃未満の第1石油類を除いたもの，となっています。

【4】 解答 (2)

解説 (1) 丙種危険物取扱者は**定期点検**の立会いはできますが，**危険物取扱**いの立会いはできません。

(3) 丙種危険物取扱者は，危険物保安監督者にはなれません。

(4) 危険物の取扱い作業に従事している丙種危険物取扱者の場合，受講義務があります。

【5】 解答 (1)

解説 指定数量の倍数に関係なく定期点検を実施しなければならない製造所
等は，移動タンク貯蔵所と地下タンクを有する施設です。
したがって，(1)の地下タンクを有する給油取扱所が正解です。

【6】 解答 (1)

解説 (2) 廃油を焼却によって廃棄することもできます。
(3) 同じ類，同じ数量であっても，品名や数量などを変更する場合は届出が
必要になります。
(4) 埋没して廃棄することもできます。

【7】 解答 (4)

解説 保安距離が必要なものは，

せい	いっぱい	外	と内	でガイダンス	する（⇒P.79）
製造所	一般	屋外	屋内	屋外タンク	

したがって，給油取扱所がこの中に入っていないので，保安距離が不要，
となります。

【8】 解答 (2)

解説 運搬の基準は，指定数量に関係なく適用されます（指定数量の10分の
1というのは，混載の規定に出てくる数値です）

【9】 解答 (3)

解説 ガソリンを移送するには，**丙種**危険物取扱者か**乙種第4類**危険物取扱
者，または**甲種**危険物取扱者が乗車し(運転手でも助手でもよい)，かつ，
免状を**携帯**している必要があります。

【10】 解答 (2)

解説 屋外消火栓設備は**第1種**消火設備です。

【11】 解答 (2)

【12】 解答 (4)

解説 300℃は発火点の200℃より温度が高いので，液が触れると燃焼します。

(1) 引火するのに十分な可燃性蒸気は，200℃まで高くならなくても引火点である**100℃**になれば発生しています。

(2) 100℃は引火点なので，熱源（点火源）がなければ燃焼しません。

(3) 50℃は引火点以下なので，引火するのに十分な量の可燃性蒸気が発生していないため，炎を近づけても燃焼はしません。

【13】 解答 (3)

解説 蒸気比重であれ，液比重であれ，比重と"燃えやすさ"とは直接関係はありません。

【14】 解答 (3)

解説 (1) 静電気が蓄積しても温度は上昇しません（熱は発生しない）。

(2) 鉄棒などを接触させると，火花が生じる恐れがあるので危険です。

(4) プラスチック製の容器の方が蓄積しやすい（電気が流れにくい物質ほど蓄積しやすい）。

【15】 解答 (1)

解説 水は油火災には使用できませんが，一般火災（紙や木材などによる火災）には使用することができます。

【16】 解答 (4)

解説 (1) ガソリン（自動車用），灯油，軽油，重油には色がついています（P50参照）。

(2) 発火点も低いほど危険性が高くなります。

(3) 臭気があるものもあります（ガソリンなど）。

【17】 解答 (1)

【18】 解答 (4)

解説 霧状の強化液は粉末（ABC）消火剤と同じく，普通，**油**，電気，すべての火災に使用することができる消火剤です。

【19】 解答 (1)

解説 (2) ガソリンの引火点は約**−40℃以下**なので，常温で火源があれば引

火します。

⑶ 「ガソリンさんは始終石になろうとしていた」のゴロ合わせより，1.4〜7.6vol%（容量，または体積%）です（P49参照）。

⑷ 流動することにより，静電気が発生します。

【20】 解答 ⑵

解説 丙種が取扱える危険物で，常温で引火の危険性があるのはガソリンのみです（引火点は灯油が40℃，軽油が45℃なので，常温では引火の危険性はありません）。

【21】 解答 ⑶

解説 ⑴ 揮発性は低いので誤りです。

⑵ 引火点は灯油が40℃以上，軽油が45℃以上なので，常温（20℃）より高くなっています。

⑷ 自然発火しやすいのは動植物油の**乾性油**です。

【22】 解答 ⑵

【23】 解答 ⑶

解説 ギヤー油やシリンダー油などの第4石油類は揮発しにくい液体です。

【24】 解答 ⑷

解説 ⑴ P49の表1参照

⑵ 常温付近では**液状**です。

⑶ 燃えると液温が**高く**なるので，水を入れると水が沸騰して危険です。

【25】 解答 ⑴

解説 一般に引火点は，第1石油類→第2石油類→第3石油類→第4石油類→動植物油類，と高くなっています。それから判断すると

⑴ →順になっているので正しい。

⑵⑷→灯油と軽油は第2石油類，ガソリンは第1石油類なので，順序が逆です。

⑶ →ギヤー油は第4石油類，軽油は第2石油類なので，順序が逆です。

模擬テスト・解答

著者略歴　工藤政孝（くどうまさたか）

　学生時代より，専門知識を得る手段として資格の取得に努め，その後，ビルトータルメンテの㈱大和にて電気主任技術者としての業務に就き，その後，土地家屋調査士事務所にて登記業務に就いた後，平成15年に資格教育研究所「大望」を設立。わかりやすい教材の開発，資格指導に取り組んでいる。

【過去に取得した資格一覧（主なもの）】

　甲種危険物取扱者，第二種電気主任技術者，第一種電気工事士，一級電気工事施工管理技士，一級ボイラー技士，ボイラー整備士，第一種冷凍機械責任者，甲種第4類消防設備士，乙種第6類消防設備士，乙種第7類消防設備士，建築物環境衛生管理技術者，二級管工事施工管理技士，下水道管理技術認定，宅地建物取引主任者，土地家屋調査士，測量士，調理師，など多数。

【主な著書】

わかりやすい！第4類消防設備士試験（弘文社）

わかりやすい！第7類消防設備士試験（弘文社）

わかりやすい！乙種第4類危険物取扱者試験（弘文社）

―わかりやすい！―

丙種危険物取扱者試験

著　　　者	工　藤　政　孝	
印刷・製本	亜細亜印刷株式会社	

発 行 所	株式会社　**弘 文 社**	〒546-0012　大阪市東住吉区中野2丁目1番27号
		☎　　(06)6797―7441
		FAX　(06)6702―4732
		振替口座 00940―2―43630
代 表 者	岡　崎　　靖	東住吉郵便局私書箱1号

ご注意

（1）本書は内容について万全を期して作成いたしましたが，万一ご不審な点や誤り，記載もれなどお気づきのことがありましたら，当社編集部まで書面にてお問い合わせください。その際は，具体的なお問い合わせ内容と，ご氏名，ご住所，お電話番号を明記の上，FAX，電子メール（henshu1@kobunsha.org）または郵送にてお送りください。

（2）本書の内容に関して適用した結果の影響については，上項にかかわらず責任を負いかねる場合がありますので予めご了承ください。

（3）落丁・乱丁本はお取り替えいたします。